医药职业教育药学类专业特色实训教材

药物制剂制备工艺与操作实训

（供药学、药物制剂、中药制药等专业用）

主 编 何 静 杨宗发

中国医药科技出版社

内容提要

本书设计了单元实训、制剂实训、综合实训共30个(项)学习性的工作任务,强化学生实践动手能力,实现教学活动、教学内容与职业要求相一致,使学生具有胜任药物制剂生产岗位的操作技能与必备知识。

本书可供医药类高职高专层次药学、药物制剂、中药制药等专业使用,也可作为相关人员的参考书。

图书在版编目(CIP)数据

药物制剂制备工艺与操作实训/何静,杨宗发主编. —北京:中国医药科技出版社,2014.2

医药职业教育药学类专业特色实训教材

ISBN 978 – 7 – 5067 – 6606 – 7

Ⅰ.① 药⋯   Ⅱ.①何⋯ ②杨⋯   Ⅲ.①药物 – 制剂 – 高等职业教育 – 教材

Ⅳ.①TQ460.6

中国版本图书馆 CIP 数据核字(2014)第 005090 号

美术编辑　陈君杞

版式设计　郭小平　邓　岩

出版　中国医药科技出版社

地址　北京市海淀区文慧园北路甲 22 号

邮编　100082

电话　发行:010 – 62227427　邮购:010 – 62236938

网址　www.cmstp.com

规格　787×1092mm $^1/_{16}$

印张　14 ½

字数　287 千字

版次　2014 年 2 月第 1 版

印次　2017 年12月第 3 次印刷

印刷　航远印刷有限公司

经销　全国各地新华书店

书号　ISBN 978 – 7 – 5067 – 6606 – 7

定价　**29.00 元**

本社图书如存在印装质量问题请与本社联系调换

编委会

主　编　何　静　杨宗发

主　审　朱照静　张　彦

副主编　邱妍川　江尚飞　林凤云

参　编　（以姓氏笔画为序）

王　双（重庆医药高等专科学校）

韦丽佳（重庆医药高等专科学校）

邓才彬（重庆医药高等专科学校）

朱照静（重庆医药高等专科学校）

伍　彬（重庆医药高等专科学校）

刘　葵（重庆医药高等专科学校）

江尚飞（重庆医药高等专科学校）

许　燕（重庆医药高等专科学校）

杨宗发（重庆医药高等专科学校）

苏其果（重庆科瑞制药有限公司）

李　缨（西南药业股份有限公司）

李达富（重庆富润药业公司）

李思平（重庆华邦制药公司）

巫映禾（重庆医药高等专科学校）

何　静（重庆医药高等专科学校）

邱妍川（重庆医药高等专科学校）

张　彦（重庆药友制药有限公司）

陈　彪（西南药业股份有限公司）

林凤云（重庆医药高等专科学校）

周秀英（重庆医药高等专科学校）

赵正芳（重庆凯林制药公司）

蒋　猛（西南药业股份有限公司）

曾　俊（重庆医药高等专科学校）

药物制剂制备工艺与操作实训课程为药学类专业的专业核心实训课程,实践性强,同药品实际生产紧密相连,对学生药物制剂职业能力培养和职业素养养成起主要支撑作用。本课程是依照药物制剂技术专业工作任务与职业能力分析中完成药物制剂生产工作项目中的原辅料的称量操作,制药设备操作,粉碎、混合等基本单元操作,各类药物制剂成型技术与质量控制等具体工作任务所需的知识、能力及素质要求,组织校内专业教师与校外行业、企业专家共同开发设计的。

根据本课程的主要目标,深入分析了药物制剂技术专业面向的职业岗位群的知识、能力、素质要求和国家职业技能的考核标准,设计了单元实训、制剂实训、综合实训共 30 个(项)学习性的工作任务,总学时数 108 学时。其目的在于强化学生实践动手能力,实现教学活动、教学内容与职业要求相一致,使学生具有胜任药物制剂生产岗位的操作技能与必备知识,达到药物制剂高级工的要求,技术与理论水平达到高级工技术标准,并获取药物制剂(高级工)资格证书。

其中,实训一由邓才彬、巫映禾编写,实训二由许燕、巫映禾编写,实训三由江尚飞、王双编写,实训四由杨宗发、李达富编写,实训五由朱照静、张彦编写,实训六、七由邱妍川、巫映禾编写,实训八由林凤云、王双编写,实训九由林凤云、许燕编写,实训十由曾俊、赵正芳编写,实训十一、十二由江尚飞、蒋猛编写,实训十三、十四由江尚飞、曾俊编写,实训十五由何静、蒋猛编写,实训十六、十七由韦丽佳、陈彪编写,实训十八由韦丽佳、曾俊编写,实训十九、二十、二十一由邱妍川、何静编写,实训二十二由邱妍川、杨宗发编写,实训二十三由伍彬、李思平编写,实训二十四由伍彬、杨宗发编写,实训二十五、二十六由何静、伍彬编写,实训二十七由何静、李缨编写,实训二十八由何静、邱妍川编写,实训二十九由刘葵、苏其果编写,实训三十由刘葵、张彦编写。附录由杨宗发、周秀英编写。由于编者水平有限,书中错误再所难免,恳请批评指正。

编 者

2013 年 11 月

药物制剂制备工艺与操作实训指导

药物制剂制备工艺与操作是一门综合性应用技术学科,具有工艺学性质。在整个教学过程中,实验课占总学时数的二分之一。实验教学以突出药物制剂制备工艺与操作理论知识的应用与实际动手能力的培养,强调实用性、应用性为原则,把掌握基本操作、基本技能放在首位,通过实验应使学生掌握药物配制的基本操作,会使用常见的衡器、量器及制剂设备,能制备常用的药物制剂,通过实验实训使学生具有一定的分析问题、解决问题和独力工作的能力。

实验实训内容选编了具有代表性的常用剂型的制备及质量评定、质量检查方法,介绍了药物制剂制备工艺与操作实验中常用仪器和设备的应用。实验内容各地可根据实际情况加以适当调整增删。

实验实训时要求学生做到以下各项:

1. 实验实训前充分做好预习,明确本次实验实训的目的和操作要点。

2. 进入实验实训室必须穿好实验服,准备好实验实训仪器药品,并保持实验实训室的整洁安静,以利实训进行。

3. 严格遵守操作规程,特别是称取或量取药品,在拿取、称量、放回时应进行三次认真核对,以免发生差错。称量任何药品,在操作完毕后应立即盖好瓶塞,放回原处,凡已取出的药品不能任意倒回原瓶。

4. 要以严肃认真的科学态度进行操作,如实验失败时,先要找出失败的原因,考虑如何改正,再征询指导老师意见,是否重做。

5. 实验实训中要认真观察,联系所学理论,对实验实训中出现的问题进行分析讨论,如实记录实验结果,写好实验实训报告。

6. 严格遵守实验实训室的规章制度,包括:报损制度、赔偿制度、清洁卫生制度、安全操作规则以及课堂纪律等。

7. 要重视制剂成品质量,实验实训成品须按规定检查合格后,再由指导老师验收。

8. 注意节约,爱护公物,尽力避免破损。实验实训室的药品、器材、用具以及实验实训成品,一律不准擅自携出室外。

9. 实验实训结束后,须将所用器材洗涤清洁,妥善安放保存。值日生负责实验室的清洁、卫生、安全检查工作,将水、电、门、窗关好,经指导老师允许后,方得离开实验室。

Contents **目 录**

单元实训

制剂实训

综合实训

附　录

单元实训

实训 一 查阅药典

一、实训目的

了解《中国药典》发展的历史和《中国药典》现行版的组成，提高对《中国药典》的特点、作用的认识，学会通过《中国药典》等文件快速获取有关信息的方法及技能。

掌握《中国药典》现行版的结构，熟悉《中国药典》的使用方法，能够独立快速查阅到实训规定的查阅内容，并对网络在线检索《中国药典》操作有一定的了解。

二、实训原理

（一）《中国药典》2010 年版概况

《中华人民共和国药典》（简称《中国药典》）现行版为 2010 年版，于 2010 年 10 月 1 日开始实施。2010 年版《中国药典》是新中国成立以来第 9 版药典，本版药典收载品种总计 4567 个，其中新增品种 1386 个；药典一部收载药材及饮片、植物油脂和提取物、成方和单味制剂共 2165 个，其中新增 1019 个，修订 634 个；药典二部收载化学药品、抗生素、生化药品、放射性药品及药用辅料共 2271 个，其中新增 330 个，修订 1500 个；药典三部收载生物制品 131 个品种，其中新增 37 个，修订 94 个；药典附录新增 47 个，修订 154 个。我国药典除经过一段时间改版外，还不定期的出版增补本。

（二）《中国药典》的主要组成、特点及作用

药典主要由凡例、正文、附录、目录和索引组成。

1. 凡例　是解释和正确地使用《中国药典》进行质量检定的基础原则，并把与正文品种、附录及质量检定有关的共性问题加以规定，避免在全书中重复说明。如对药典中使用的术语、计量进行明确和规定。

2. 正文　收载各品种的具体要求（标准）。

3. 附录　收载各种剂型的制剂通则、检验操作方法、试剂试药的有关配制管理规定等内容。

4. 目录和索引　目录以中文笔画为序将收载内容排列，索引包括中文索引、汉语拼音索引和外文索引（第一部还有拉丁名索引；第二、三部为英文索引），便于使用时查找。

三、实训内容

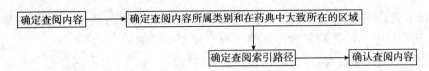

(一) 药典一般查阅过程

如进行网上查阅应确定好查阅索引的关键词。

(二) 完成下表中规定的查阅内容。

表1－1　从《中国药典》现行版中查阅内容表

序号	查　阅　内　容	查阅结果
1	药材产地加工及炮制规定的干燥方法	部　页至　页
2	微溶的含义	
3	阴凉处贮藏的条件	
4	药品检验要求室温进行的温度控制范围	
5	80目筛网的孔径范围	
6	地龙的质量标准	
7	六味地黄丸的处方及制备方法	
8	阿法骨化醇片的作用	
9	氨苄西林钠的鉴别检验要求	
10	胰岛素注射液的贮藏条件规定	
11	皮内注射用卡介苗的使用注意事项	
12	中药丸剂的制剂通则	
13	中药微生物限度检查法	
14	化学药品片剂重量差异限度标准	
15	抗生素微生物检定方法	
16	醋酸－醋酸钠缓冲液（pH6.0）的配制方法	
17	盐酸滴定液的配制方法	
18	安乃近是否有对照品供应	
19	注射用水的概念	
20	湿热灭菌法的概念	

【思考题】

1. 所需查药品的标准在现行版《中国药典》中没有收载如何继续查找？

2. 其他国家药典在我国药品管理工作中的作用。

四、质量检查与评价

1. 注意查找内容与药典收载内容的一致性。如《中国药典》一部和二部都收载 "丸剂" 这个概念，但其两部的 "丸剂" 概念是不相同的。

2. 为使查阅结果具有意义，应查阅现行版药典。

五、技能考核评价标准

测试项目		评分细则	分数
实训操作	实训前准备/后整理	按时领取实训资料／实训用具归位、台面整洁	10
	实际操作	在规定的时间内完查阅要求	40
	实训结果	结论正确	30
	实训报告	格式符合要求、条理清晰、依据正确	20

（邓才彬　巫映禾）

实 训 二 称量与滤过操作

一、实训目的

通过本次实训，使学生熟练掌握规范的称重、量取及滤过等实验基本操作技能。熟练掌握托盘天平、电子天平的结构和性能、使用方法及称重操作中的注意事项；熟练掌握常规量器的使用方法；熟练掌握广口瓶、细口瓶的使用方法；熟悉常压过滤和减压过滤的机理，掌握常规漏斗滤过和布氏滤器的使用方法。

二、实训原理

（一）称取广口瓶盛装的固体药物动作要领

1. 天平的选择　根据要求称量的药物质量多少，选择感量适宜的天平（上皿天平、扭力天平、电子天平等）。

2. 选择适宜的称量纸　根据药物性质，如普通药物、具挥发性药物、半固体药物选择普通白纸称量纸、硫酸纸称量纸等。

3. 称取药物时要求瓶盖不离手，用中指与环指夹瓶颈，以左手拇指与示指拿瓶盖，右手拿药匙。

4. 将称量的药物加入到处理好的容器中。

（二）量取细口瓶盛装的液体药物动作要领

1. 量杯或量筒的选择　根据要求量取的药物质量多少，选择适宜的量器（量杯、量筒、滴瓶）。

2. 使用量筒和量杯时，要保持垂直，中、小量器（V≤500ml 一般操作动作为用左手拇指与示指垂直平稳持量器下半部并以中指或环指垫底部。右手持瓶倒液，瓶签须向上，瓶盖应夹于左手小指与手掌边缘之间，倾倒溶液时眼睛与所选择刻度线成水平，读数以液体凹面为准。倒出后立即盖好，放回原处。

3. 药液注入量器，应将瓶口紧靠量器边缘，沿其内壁徐徐注入，以防止药液溅溢器外。

4. 在将量器中液体倾倒出时，要根据液体的黏度适当的倒置停留数秒钟。量取如甘油、糖浆等黏稠性液体，不论在注入或倾出时，均须以充分时间使其按刻度流尽，以保证容量的准确。

5. 量取某些用量 1ml 以下的溶液或酊剂，需以滴作单位。如无标准滴管时，可用普通滴管，即先以该滴管测定所量液体 1ml 的滴数，再凭此折算所需滴数。

（三）过滤操作基本要领

1. 滤纸的使用

（1）用少量纯化水将滤纸润湿，使滤纸与漏斗紧贴在一起。注意滤纸与漏斗之间不能有气泡，否则会影响过滤速度。

（2）常压过滤操作的基本要点："一贴、二低、三靠"。即滤纸紧贴漏斗壁；滤纸边缘低于漏斗口边缘；漏斗中的液面低于滤纸边缘；倾倒液体的烧杯口紧靠玻璃棒；玻璃棒的下端轻靠滤纸的 1/3 处；漏斗的下端要紧靠烧杯内壁。

2. 脱脂棉的使用

根据漏斗颈直径取适量脱脂棉，将脱脂棉的边缘向上折起、压平，放到漏斗颈口，用适当的液体润湿脱脂棉，如果是水性药液，应在漏斗颈制成水柱。

（四）称、量、滤过操作其他注意事宜

1. 称量过程中"三看"，即取药瓶时看、称量前看、称量瓶放回原位时看。

2. 称量中原则上不允许将药物进行反向操作。

3. 每次称取药物后要求处理药匙使其清洁、干燥。药匙原则上不能去称取半固体药物。

4. 使用天平时无论是否用到砝码，砝码盒与天平要始终在一起。天平不用时托盘原则上在一侧。

5. 量过的量器，需洗净沥干或烘干后再量其他的液体，量器是否要求干燥要根据药物或制剂过程的要求。除量取非水溶液或制剂外，一般水溶液制剂不必干燥容器，但要求清洁。

6. 滤纸的折叠方法一般使用对折方法，但需要增加滤材面积时采用多褶折叠方法。布氏漏斗的滤纸大小要正好合适，过大和过小都可能造成药液泄漏。

7. 滤过操作中应将漏斗放置到漏斗架或铁圈上。

三、实训内容

1. 称重操作

熟悉下列药物性质，选择下列（或部分）药物进行称取操作。

表 2 - 1　称重操作练习项目表

药物	所称重量	选用天平及称量纸	选择依据
碳酸氢钠	0.3 g		
碘化钾	1.4 g		
凡士林	15 g		
葡萄糖	10 g		

续表

药物	所称重量	选用天平及称量纸	选择依据
碘	0.7 g		
氯化钠	1.5 g		
氢氧化钠	28 g		

2. 量取操作

指出下列药物性质，选择表2-2（或部分）药物进行量取操作。

表2-2　药物量取操作练习项目表（代部分报告）

药品名称	量取容积	选用量器	选择依据
纯化水	12 ml		
乙醇	5 ml		
甘油	1.5ml		
橙皮酊	0.5ml		
薄荷油	0.2ml		
植物油	3ml		

3. 过滤操作

指出下列液体的流动特性，对表2-3药物溶液进行过滤操作。

表2-3　过滤操作练习项目表（代部分报告）

药品名称	溶液体积	选用过滤方法	选择依据
纯化水	50 ml		
单糖浆	20ml		

【思考题】

1. 什么是天平的相对误差？要称取0.1g的药物，按照规定，其误差范围不得超过±10%。应该使用分度值（感量）为多少的天平来称取？

2. 要称取甘油30g，如以量取法代替，应量取几毫升（甘油的相对密度为1.25）？选用怎样的量器？在量取时应注意哪些问题？

3. 称取50kg药物应如何选择称量衡器。

四、质量检查与评价

1. 明确药剂实验实训操作的基本原则、规则，并严格遵守。

2. 基本操作掌握要领，并正确操作、使用相应的设备。

3. 清场过程完整，仪器摆放整清。

五、技能考核评价标准

测试项目		评分细则	分数
实训操作	选择仪器	根据称量物要求，正确选择称量用具	10
	实验操作	1. 正确调整衡器零点	10
		2. 规范使用称量衡器、量器	10
		3. 正确加、减砝码（电子秤可省略）	10
		4. 准确记录称量数据	10
		5. 过滤操作规范	10
	清场、整理	1. 使用器皿、用具恢复初始状态	10
		2. 清洁器具、整理台面	10
结果与分析		称量、过滤操作符合要求	10
实训报告		格式符合要求、条理清晰、结论正确	10

（许　燕　巫映禾）

实训 三 粉碎操作

一、实训目标

1. 掌握粉碎岗位操作法。
2. 掌握粉碎生产工艺管理要点及质量控制要点。
3. 掌握 CW130A 型吸尘微粉碎机、20B 型万能粉碎机的标准操作规程。
4. 掌握 CW130A 型吸尘微粉碎机、20B 型万能粉碎机的清洁、保养的标准操作规程。

二、实训指导

常用的粉碎设备包括万能粉碎机、柴田粉碎机、球磨机、气流粉碎机等。现分别介绍其主要特点。

（1）万能粉碎机　由机座、电机、粉碎室、转动齿盘、固定齿盘、加料斗、出料口、筛板组成。并配有粉料收集及捕尘设施。其工作原理是物料由加料斗进入粉碎室，固定齿盘与转动齿盘交错排列，转动齿盘高速旋转产生离心力使物料甩向外围，齿盘的撞击使物料粉碎成一定粒度穿过筛板。是以冲击粉碎为主的粉碎设备，结构简单，操作维护方便。

（2）柴田粉碎机　由电机、粉碎室，动力轴、转动打板、挡板、风板等组成。其工作原理是物料通过自动加料器输入到粉碎机中，风板将原料均匀散布到粉碎室的周围，物料在打板与牙板之间被剪切和冲击，在机内形成激烈涡流将物料粉碎，粉碎后的物料在气流的作用下被吹到风选口内，经风板的作用，将粗粉和细粉分开，细粉被风送到集粉装置内收粉，粗粉被送回到粉碎室内重新粉碎。该机无筛板装置，具有粉碎效率高、一次出粉率高、粒度风选调节均匀、机组设计紧凑占地面积小、采用集中控制工人操作、维修清理方便等特点。

（3）球磨机　由机座、电机、减速器、球磨缸和研磨球构成。其工作原理是电机动力经蜗轮减速箱传动，使球磨缸做回转运动，物料经研磨球的冲击和研磨，被粉碎、磨细。

（4）气流粉碎机　气流粉碎机由加料装置、粉碎室、叶轮分级器、旋风分离器、除尘器、排风机、电控系统组成。其工作原理是压缩空气经过喷嘴产生超音速气流带动物料，使物料与物料之间产生强烈的碰撞、剪切、研磨等作用，从而达到粉碎目的。

被粉碎的物料经过叶轮分级和旋流离心器分级，从而得到多级不同粒度产品，最后经除尘器和排风机净化空气。

三、实训内容

（一）粉碎岗位职责

（1）进岗前按规定着装，做好操作前的一切准备工作；

（2）根据生产指令按规定程序领取原辅料，核对所粉碎物料的品名、规格、产品批号、数量、生产企业名称、物理外观、检验合格等，应准确无误，粉碎产品色泽均匀、粒度符合要求；

（3）严格按工艺规程及粉碎标准操作程序进行原辅料处理；

（4）生产完毕，按规定进行物料移交，并认真填写工序记录及生产记录；

（5）工作期间，严禁串岗、脱岗，不得做与本岗位无关之事；

（6）工作结束或更换品种时，严格按本岗位清场 SOP 进行清场，经质监员检查合格后，挂标识牌；

（7）注意设备保养，经常检查设备运转情况，操作时发现故障及时排除并上报。

（二）粉碎岗位操作法

1. 生产前准备

（1）核对《清场合格证》并确定在有效期内。取下《清场合格证》状态牌，换上"正在生产"状态牌；

（2）检查粉碎机、容器及工具是否洁净、干燥，检查齿盘螺栓有无松动；

（3）检查排风除尘系统是否正常；

（4）按《20B 型万能粉碎机操作程序》进行试运行，如不正常，自己又不能排除，则通知机修人员来排除；

（5）对所需粉碎的物料，在暂存室领用时要认真复核物料卡上的内容与生产指令是否相符；检查物料中无金属等异物混入，否则不得使用。

2. 操作

（1）开机并调节分级电机转速或进风量，使粉碎细度达到工艺要求；

（2）机器运转正常后，均匀加入被粉碎物料，不可加入物料后开机。粉碎完成后须在粉碎机内物料全部排出后方可停机；

（3）粉碎好的物料用塑料袋作内包装，填写好的物料卡存在塑料袋上，交下工序。

3. 清场

（1）按《清场管理制度》、《容器具清洁管理制度》、《洁净区清洁规程》及《20B 型万能粉碎机清洗程序》搞好清场和清洗卫生；

（2）为了保证清场工作质量，清场时应遵循先上后下、先外后里，一道工序完成后方可进行下道工序作业，

（3）清场后，填写清场记录，上报 QA，经 QA 检查合格后挂《清场合格证》。

4. 记录

操作完工后填写原始记录、批记录。表格见表 3 - 1。

表 3 - 1　粉碎工序生产记录表

品名：	规格：	批号：	日期：	班次：

生产前准备	1. 操作间清场合格有《清场合格证》并在有效期内 2. 所有设备有设备完好证 3. 所有器具已清洁 4. 物料有物料卡 5. 挂 "正在生产" 状态牌 6. 室内温湿度要求：温度 18～26℃，相对湿度 45%～65%	□ □ □ □ □ 温度： 相对湿度： 签名：＿＿＿＿
生产操作	1. 粉碎按《20B 型万能粉碎机操作规程》操作 2. 将物料粉碎，控制加料速度，粉碎后的细粉装入衬有洁净塑料袋的周转桶内，扎好袋口，填好 "物料卡" 备用	粉碎时间：　：　至　： 粉碎前重量：　kg 粉碎后重量：　kg 操作人：
物料平衡	公式：$\dfrac{实收量+尾料+残损量}{领料量}×100\%=$限度：98%～100% | 名称	领用量	产量	尾料量	残损量	收率	物料平衡 | |---|---|---|---|---|---|---| |　|　|　|　|　|　|　|	操作人： 复核人：
偏差处理	有无偏差： 偏差情况及处理：	QA 签名：

5. 工艺管理要点

（1）物料严禁混有金属物；

（2）物料含水分不应超过 5%；

（3）筛板与内腔的间隙。

（三）质量控制关键点

异物、粒度。

（四）CWl30A 型吸尘微粉碎机、20B 型万能粉碎机操作规程

1. 开机前的准备工作

（1）查机器所有紧固螺钉是否全部拧紧，特别是活动齿的固定螺母一定要拧紧；

（2）根据工艺要求选择适当筛板安装好；

（3）用手转动主轴盘车应活动自如，无卡、滞现象；

（4）检查粉碎室是否清洁干燥，筛网位置是否正确；

（5）检查收粉布袋是否完好，粉碎机与除尘机管道连接是否密封；

（6）关闭粉碎室门，用手轮拧紧后，再用顶丝锁紧。

2. 开机运行

（1）先启动除尘机，确认工作正常；

（2）按主机启动开关，待主机运转正常平稳后即可加料粉碎，每次向料斗加入物料时应缓慢均匀加入；

（3）停机时必须先停止加料，待 10 分钟后或不再出料后再停机。

3. 清洁程序

（1）设备的清洗按各设备清洗程序操作，清洗前必须首先切断电源；

（2）每班使用完毕后，必须彻底清理干净料斗机腔和捕集袋内的物料，并清洗干净机腔、筛网和活动固定齿；

（3）凡能用水冲洗的设备，可用高压水枪冲洗，先用饮用水冲洗至无污水，然后再用纯化水冲洗两次；

（4）不能直接用水冲洗的设备，先扫除设备表面的积尘，凡是直接接触药物的部位可用纯水浸湿抹布擦抹直至干净，能拆下的零部件应拆下，其他部位用一次性抹布擦抹干净，最后用 75% 乙醇擦拭晾干；

（5）凡能在清洗间清洗的零部件和能移动的小型设备尽可能在清洁间清洗烘干；

（6）工具、容器的清洗一律在清洁间清洗，先用饮用水清洗干净，再用纯化水清洗两次，移至烘箱烘干；

（7）门、窗、墙壁、灯具、风管等先用干抹布擦抹掉其表面灰尘，再用饮用水浸湿抹布擦抹直到干净，擦抹灯具时应先关闭电源；

（8）凡是设有地漏的工作室，地面用饮用水冲洗干净，无地漏的工作室用拖把抹擦干净（洁净区用洁净区的专用拖把）；

（9）清场后，填写清场记录，上报 QA 质监员，检查合格后挂《清场合格证》。

（五）粉碎机安全操作注意事项

（1）严禁主轴反转，如发现主轴反堵不能转动时应立即停机；

（2）粉碎室门务必要关好锁紧，以免发生事故；

（3）使用前必须确认活动齿的固定螺母紧合良好；

（4）机器必须可靠接地；

（5）超过莫氏硬度 5 度的物料将使粉碎机的维修周期缩短，因此必须注意使用该机的经济性；

（6）物料严禁混有金属物；

（7）物料含水分不应超过 5%；

（8）在粉碎热敏性物料使用 20~30 分钟后应停机检查出料筛网孔是否堵塞，粉碎室内温度是否过高，并应停机冷却一段时间再开机；

（9）设备的密封胶垫如有损坏、漏粉时应及时更换；

（10）定期为机器加润滑油；

（11）每次使用完毕，必须关掉电源。方可进行清洁。

（六）粉碎设备维护

（1）经常检查润滑油杯内的油量是否足够；

（2）设备外表及内部应洁净，无污物聚集；

（3）检查齿盘的固定和转动齿是否磨损严重，如严重需调整安装使用另一侧，如两侧磨损严重需换齿；更换锤子时应将整套锤子一起进行更换，切不能只更换其中个别几只锤子；

（4）每季度进行一次电动机轴承检查，检查上下皮带轮是否在同一平面内及皮带的松紧程度、磨损情况，如有必要及时调整更换。

（七）常见故障发生原因及排除方法

常见故障发生原因及排除方法见表3-2。

表3-2　常见故障发生原因及排除方法

常见故障	发生原因	排除方法
主轴转向相反	电源线相位连接不正确	检查并重新接线
操作中有胶臭味	皮带过松或损坏	调紧或更换皮带
钢齿，钢锤磨损严重	物料硬度过大或使用过久	更换钢锤或钢齿
粉碎时声音沉闷、卡死	加料过快或皮带松	加料速度不可过快，调紧或更换皮带
热敏性物料粉碎声音沉闷	物料遇热发生变化	用水冷式粉碎或间歇粉碎

四、质量判断

1. 外观　色泽、粒度均匀。

2. 粉料粒度　应符合表3-3要求。

表3-3　粉料粒度分级表

等级	分等标准
最粗粉	能全部通过一号筛，但混有能通过三号筛不超过20%的粉末
粗粉	能全部通过二号筛，但混有能通过四号筛不超过10%的粉末
中粉	能全部通过四号筛，但混有能通过五号筛不超过60%的粉末
细粉	能全部通过五号筛，并含有能通过六号筛不少于95%的粉末
最细粉	能全部通过六号筛，并含有能通过七号筛不少于95%的粉末
极细粉	能全部通过八号筛，并含有能通过九号筛不少于95%的粉末

五、实训考核

考核内容	技能要求		分值
生产前准备	生产工具准备	1. 检查核实清场情况，检查清场合格证 2. 对设备状况进行检查，确保设备处于合格状态 3. 对计量容器、衡器进行检查核准 4. 对生产用的工具的清洁状态进行检查	20
	物料准备	1. 按生产指令领取生产原辅料 2. 按生产工艺规程制定标准核实所用原辅料（检验报告单，规格，批号）	
粉碎操作	1. 按操作规程进行粉碎操作 2. 按正确步骤将粉碎后物料进行收集 3. 粉碎完毕按正确步骤关闭机器		
记录	生产记录填写准确完整		40
生产结束清场	1. 生产场地清洁 2. 工具和容器清洁 3. 生产设备的清洁 4. 清场记录填写准确完整		20
其他	正确回答考核人员提出的问题		20

（江尚飞、王双、巫映禾）

实训 ④ 筛分操作

一、实训目标

1. 掌握筛分岗位操作法。
2. 掌握筛分生产工艺管理要点及质量控制要点。
3. 掌握 S365 旋振筛的标准操作规程。
4. 掌握旋振筛的清洁、保养的标准操作规程。

二、实训指导

常用的筛分设备主要包括往复振动筛分机和旋振筛两种。

1. 旋振筛 由机架、电动机、筛网、上部重锤、下部重锤、弹簧、出料口组成。其工作原理是由普通电机所带振子的上下两端偏心重锤产生激振，可调节的偏心重锤经电机驱动传送到主轴中心线，在不平衡状态下，产生离心力，使物料强制改变在筛内形成轨道旋涡，使筛及物料在水平、垂直、倾斜方向三次元运动。对物料产生筛选作用。重锤调节器的振幅大小可根据不同物料和筛网进行调节。也可由立式振动电机轴的上下两端装有失衡的偏心重锤产生激振。

本机可用于单层或多层分级使用，具有结构紧凑、操作维修方便、运转平稳、噪声低、处理物料量大、细度小、适用性强等优点。

2. 往复振动筛分机 该机由机架、电机、减速器、偏心轮、连杆、往复筛体、出料口组成。其工作原理是物料由加料斗加入，落入筛子上，借电机带动带轮，使偏心轮做往复运动，从而使筛体往复运动，对物料产生筛选作用。

三、实训内容

（一）筛分岗位职责

①进岗前按规定着装，做好操作前的一切准备工作；

②根据生产指令按规定程序领取原辅料，核对所过筛物料的品名、规格、产品批号、数量、生产企业名称、物理外观、检验合格等，应准确无误，过筛产品粒度应符合要求；

③严格按工艺规程及筛分标准操作程序进行原辅料处理；

④按工艺规程要求对需进行分筛的物料选用规定目数的筛网，严格按《旋振筛标准操作规程》进行操作；

⑤生产完毕，按规定进行物料移交，并认真填写工序记录及生产记录；

⑥工作期间严禁串岗、脱岗，不得做与本岗位无关之事；

⑦工作结束或更换品种时，严格按本岗位清场SOP进行清场，经质监员检查合格后，挂标识牌；

⑧注意设备保养，经常检查设备运转情况，操作时发现故障及时排除并上报。

(二) 筛分岗位操作法

1. 生产前准备

①核对《清场合格证》并确定在有效期内。取下《清场合格证》状态牌换上"正在生产"状态牌，开启除尘风机10分钟，当温度在18℃～26℃、相对湿度在45%～65%范围内，方可投料生产；

②检查旋振筛分机、容器及工具应洁净、干燥，设备性能正常；

③检查筛网是否清洁干净，是否与生产指令要求相符，必要时用75%酒精擦拭消毒；

④按《S365旋振筛操作程序》进行试运行，如不正常，自己又不能排除，则通知机修人员来排除；

⑤对所需过筛的物料，在暂存室领用时要认真复核物料卡上的内容与生产指令是否相符。

2. 筛分操作

①按筛分标准操作规程安装好筛网，连接好接收布袋，安装完毕应检查密封性，并开动设备运行；

②启动设备空转运行，声音正常后，均匀加入被过筛物料，进行筛分生产；

③已过筛的物料盛装于洁净的容器中密封，交中间站，并称量、贴签，填写请验单，由化验室检测，每件容器均应附有物料状态标记。注明品名、批号、数量、日期、操作人等；

④运行过程中用听、看等办法判断设备性能是否正常，一般故障自己排除。自己不能排除的通知维修人员维修正常后方可使用。筛好的物料用塑料袋作内包装，填写好的物料卡存在塑料袋上，交下工序。

3. 清场

①按《清场管理制度》、《容器具清洁管理制度》、《洁净区清洁规程》及《S365旋振筛清洗程序》搞好清场和清洗卫生；

②为了保证清场工作质量，清场时应遵循先上后下、先外后里，一道工序完成后方可进行下道工序作业；

③清场后，填写清场记录，上报QA，检查合格后挂《清场合格证》。

4. 记录

操作完工后填写原始记录、批记录。表格见表4-1。

表4-1 筛分工序生产记录表

品名:		规格:		批号:		日期:		班次:

生产前准备	1. 操作间清场合格有《清场合格证》并在有效期内 2. 所有设备有设备完好证 3. 所有器具已清洁 4. 物料有物料卡 5. 挂"正在生产"状态牌 6. 室内温湿度要求：温度 18℃～26℃，相对湿度 45%～65%	☐ ☐ ☐ ☐ ☐ 温度： 相对湿度： 签名：_____
生产操作	1. 筛分按《S365 旋振筛操作规程》操作 2. 将物料控制加料速度，过筛后的细粉装入衬有洁净塑料袋的周转桶内，扎好袋口，填好"物料卡"备用	筛分时间： ： 至 ： 筛分前重量： kg 筛分后细粉重量： kg 筛分后粗粉重量： k8 操作人：
物料平衡	公式：$\dfrac{\text{细粉量}+\text{粗粉量}}{\text{领用量}}\times100\%=$ 限度：98%～100%	操作人： 复核人：

名称	领用量	细粉量	粗粉量	收 率	物料平衡

偏差情况及处理：　　　　　　　　　　　　　　　　　　　　QA 签名：

（三）生产工艺管理要点

筛分操作：

①筛分操作间必须保持干燥，室内呈负压，须有捕尘装置；

②筛分设备可用清洁布擦拭，筛可用水清洁；

③筛分过程随时注意设备声音；

④生产过程所有物料均应有标示，防止混药、混批。

（四）质量控制关键点

粒度。

（五）S365 旋振筛操作规程

①使用前检查整机各紧固螺栓是否有松动。然后开动机器，检查机器的空载启动性是否良好；

②根据不同需要及物料的不同情况，选择适当筛网并检查筛网是否破损，若有破损应及时更换；

③锁紧筛网，依次装好橡皮垫圈、钢套圈、筛网、筛盖。上筛网时防止筛盖挤压

手指；将盖用压杆压紧，禁止用钝器敲打压盖；

④当本机调试后，应进行空载运转试验，空运转时间不少于2分钟，并符合如下要求：无异常声响，机器运转平稳，无异常振动；

⑤筛分操作，待运转正常后，方可开始加料，加料必须均匀，过筛时加料速度要适当，加得太快物料会随着颗粒溢出，加得太慢则影响产量；

⑥停机时必须先停止加料，待不再出料后再停机；

⑦过完筛后按设备上下顺序清理残留在筛中的粗颗粒和细粉。

（六）清洁程序

①设备的清洗按各设备清洗程序操作，清洗前必须首先切断电源；

②每班使用完毕后，必须彻底清理干净料斗机腔和捕集袋内的物料并清洗干净机腔、筛网和活动固定齿；

③凡能用水冲洗的设备，可用高压水枪冲洗，先用饮用水冲洗至无污水，然后再用纯化水冲洗两次；

④不能直接用水冲洗的设备，先扫除设备表面的积尘，凡是直接接触药物的部位可用纯水浸湿抹布擦抹直至干净，能拆下的零部件应拆下。其他部位用一次性抹布擦抹干净，最后用75%乙醇擦拭晾干；

⑤凡能在清洗间清洗的零部件和能移动的小型设备尽可能在清洁间清洗烘干；

⑥工具、容器的清洗一律在清洁间清洗，先用饮用水清洗干净，再用纯化水清洗两次，移至烘箱烘干；

⑦门、窗、墙壁、灯具、风管等先用干抹布擦抹掉其表面灰尘，再用饮用水浸湿抹布擦抹直到干净，擦抹灯具时应先关闭电源；

⑧凡是设有地漏的工作室，地面用饮用水冲洗干净，无地漏的工作室用拖把抹擦干净（洁净区用洁净区的专用拖把）；

⑨清场后，填写清场记录，上报QA，检查合格后挂《清场合格证》。

（七）安全操作注意事项

①定期检查所有外露螺栓、螺母，并拧紧；

②发现异常声响或其他不良现象，应立即停机检查；

③机器必须可靠接地；

④设备的密封胶垫如有损坏、漏粉时应及时更换。

（八）设备维护

①保证机器各部件完好可靠；

②设备外表及内部应洁净，无污物聚集；

③各润滑油杯和油嘴应每班加润滑油和润滑脂；

④操作前检查筛网是否完好、是否变形，维修正常后方可生产。

（九）常见故障发生原因及排除方法

常见故障发生原因及排除方法见表4-2。

表4-2 常见故障发生原因及排除方法

常见故障	发生原因	排除方法
粉料粒度不均匀	筛网安装不密闭，有缝隙	检查并重新安装
设备不抖动	偏心失效，润滑失效或轴承失效	检查润滑，维修更换

四、质量判断

1. 外观 色泽、粒度均匀。

2. 粉料粒度 应符合表4-3要求。

表4-3 粉料粒度要求

等级	分等标准
最粗粉	能全部通过一号筛，但混有能通过三号筛不超过20%的粉末
粗粉	能全部通过二号筛，但混有能通过四号筛不超过40%的粉末
中粉	能全部通过四号筛，但混有能通过五号筛不超过60%的粉末
细粉	能全部通过五号筛，并含有能通过六号筛不少于95%的粉末
最细粉	能全部通过六号筛，并含有能通过七号筛不少于95%的粉末
极细粉	能全部通过八号筛，并含有能通过九号筛不少于95%的粉末

五、实训考核

考核内容		技能要求	分值
生产前准备	生产工具准备	1. 检查核实清场情况，检查清场合格证 2. 对设备状况进行检查，确保设备处于合格状态 3. 对计量容器、衡器进行检查核准 4. 对生产用的工具的清洁状态进行检查	20
	物料准备	1. 按生产指令领取生产原辅料 2. 按生产工艺规程制定标准核实所用原辅料（检验报告单，规格，批号）	
过筛操作		1. 按操作规程进行过筛操作 2. 按正确步骤将过筛后物料进行收集 3. 过筛完毕按正确步骤关闭机器	40
记录		生产记录填写准确完整	10
生产结束清场		1. 生产场地洁 2. 工具和容器清洁 3. 生产设备的清洁 4. 清查记录填写准确完整	10
其他		正确回答考核人员提问	20

（杨宗发、李达富）

实 训 五 混合操作

一、实训目标

1. 掌握固体物料混合岗位操作法。
2. 掌握固体物料混合生产工艺管理要点及质量控制要点。
3. 掌握槽形混合机、三维多向运动混合机的标准操作规程。
3. 掌握槽形混合机、三维多向运动混合机的清洁、保养的标准操作规程。

二、实训指导

常用的混合物机分为干混设备和湿混设备。

干混机包括旋转式干混机、二维运动混合机、三维多向运动混合机。

旋转式干混机主要有 V 型干混机、双锥旋转干混机、立方旋转干混机等。

湿混机包括槽型混合机、双螺旋锥形混合机和快速混合制粒机等。

现分别介绍各种常用混合设备的特点。

（1）V 型干混机　由机座、电机、减速器、V 字型混合筒组成。其工作原理是电机通过三角皮带带动减速器转动，继而带动 V 型混合筒旋转。装在筒内的干物料随着混合筒转动，V 型结构使物料反复分离、合一，用较短时间即可混合均匀。

（2）二维运动混合机　主要由转筒、摆动架、机架组成。其工作原理是转筒装在摆动架上，二维混合机的转筒进行自转和随摆动架而摆动两个运动。被混合的物料随转筒转动、滚动，又随筒的摆动发生左右的掺混运动，物料在短时间内得到充分混合。

（3）三维运动混合机　主要由机座、传动系统、多向运动机构、混合筒、电器控制系统构成。其主要工作原理是三维运动混合机装料的筒体在主动轴的带动下，做周而复始的平移、转动和翻滚等复合运动，促使物料沿着筒体做环向、径向和轴向的三向复合运动，从而实现多种物料的相互流动、扩散、积聚、掺杂，以达到均匀混合的目的。

（4）槽型混合机　主要由机座、电机、减速器、混合槽、搅拌桨、控制面板组成。其工作原理是利用水平槽内的"S"形螺带所产生的纵向和横向运动，使物料混合均匀。其相邻两个螺带，一个为左，一个为右，可使槽内被混合物料强烈混合。槽可绕水平轴转动，以便卸料。

（5）双螺旋锥形混合机　主要由机架、电机、减速器、传动系统、简体、螺旋杆及出料阀组成。其工作原理是此机在立式锥形容器内安装有螺旋提升机，可将锥形底部物料从容器底提升到上部，螺旋提升机既有自转又绕锥形容器中心轴摆动旋转，故可使螺旋混合作用达到全部物料。

混合设备多属间歇操作。

三、实训内容

（一）混合岗位职责

①严格执行《混合岗位操作法》、《混合设备标准操作规程》；

②进岗前按规定着装，做好操作前的一切准备工作；

③根据生产指令按规定程序领取原辅料，核对所混合物料的品名、规格、产品批号、数量、生产企业名称、物理外观、检验合格等，应准确无误，混合产品应均匀，符合要求；

④自觉遵守工艺纪律，保证混合岗位不发生差错和污染。发现问题及时上报；

⑤严格按工艺规程及混合标准操作程序进行原辅料处理；

⑥生产完毕，按规定进行物料移交，并认真填写工序记录及生产记录；

⑦工作期间严禁串岗、离岗，不得做与本岗位无关之事；

⑧工作结束或更换品种时，严格按本岗位清场 SOP 进行清场，经质监员检查合格后，挂标识牌；

⑨注意设备保养，经常检查设备运转情况，操作时发现故障及时排除并上报。

（二）混合岗位操作法

1. 生产前准备

①检查操作间、工具、容器、设备等是否有清场合格标志，并核对是否在有效期内。否则按清场标准程序进行清场并经 QA 人员检查合格后，填写清场合格证，进入本操作；

②根据要求选择适宜混合设备，设备要有"合格"标牌、"已清洁"标牌，并对设备状况进行检查，确证设备正常，方可使用；

③根据生产指令填写领料单，并向中间站领取物料，并核对品名、批号、规格、数量、质量无误后，进行下一步操作；

④按《混合设备消毒规程》对设备及所需容器、工具进行消毒；

⑤挂本次运行状态标志，进入操作。

2. 混合操作

①湿法制粒混合根据所需用量，称取相应的黏合剂、溶剂（两人核对），并将溶剂置配制锅内；

②将黏合剂加入溶剂内，搅拌，溶解，混匀，保存备用；

③启动设备空转运行，声音正常后停机，加料，进行混合操作；

④混合机必须保证混合运行足够的时间；

⑤已混合完毕的物料盛装于洁净的容器中密封，交中间站。并称量、贴签，填写请验单，由化验室检测，每件容器均应附有物料状态标记，注明品名、批号、数量、日期、操作人等，

⑥运行过程中用听、看等办法判断设备性能是否正常，一般故障自己排除，自己不能排除的通知维修人员维修正常后方可使用。

3. 清场

①将生产所剩物料收集，标明状态，交中间站，并填写好记录；

②按《混合设备清洁操作规程》、《场地清洁操作规程》对设备、场地、用具、容器进行清洁消毒，经 QA 人员检查合格，发清场合格证。

4. 记录

如实填写各生产操作记录（见表 5 – 1）。

表 5 – 1　混合工序生产记录　　　　　　年　月　日

品名	规格	批号	日期	班次

生产前准备	1. 操作间有《清场合格证》并在有效期内　□ 2. 所有设备有设备完好证　□ 3. 所有器具已清洁　□ 4. 物料有物料卡　□ 5. 挂"正在生产"状态牌　□ 6. 室内温湿度要求：温度 18℃ ~26℃，相对湿度 45% ~65%	温度： 相对湿度： 检查人：		

混合	混合机编号：			混合时间：　：　到：	
	物料	名称	用量/kg	名称	用量/kg
	混合物				
	桶号				
	净重/k8				
	桶号				
	净重/kg				
	总桶数		操作人	复核人	
备注					

工艺员：

（三）生产工艺管理要点

①混合操作间必须保持干燥，室内呈正压，须有捕尘装置；

②混合设备的混合缸可用水清洁，其他部分用清洁布擦拭干净；

③混合过程随时注意设备声音；

④生产过程所有物料均应有标示，防止发生混药、混批。

（四）质量控制关键点

合均匀度。

（五）混合设备操作规程

1. V 型干混机操作规程

（1）开机前的准备工作

①开机时，空载起动电机，观察电机运转正常，停机开始工作；

②观察料桶运动位置，使加料口处于理想的加料位置，松开加料口卡箍，取下平盖进行加料，加料量不得超过额定装量；

③加料完毕后，盖上平盖，上紧卡箍即可开机混合。

（2）开机运行

①根据工艺要求，调整好时间继电器：

②严格按规定的程序操作，开机进行混合；

③混合机到设定的时间会自动停机，若出料口位置不理想，可点动开机，将出料口调整到最佳位置，切断电源，方可开始出料操作；

④出料时打开出料阀即可出料；

⑤出料时应控制出料速度，以便控制粉尘及物料损失。

（3）操作注意事项及故障处理

①必须严格按规定要点进行操作；

②设备运转时，严禁进入混合桶运动区内；

③在混合桶运动区范围外应设隔离标志线，以免人员误入运动区；

④设备运转时，若出现异常振动和声音时，应停机检查，并通知维修工；

⑤设备的密封胶垫如有损坏、漏粉时应及时更换；

⑥操作人员在操作期间不得离岗。

2. 二维运动混合机操作规程

（1）开机前的准备工作

①开机时，空载起动电机，观察电机运转正常。停机开始工作；

②观察料桶运动位置，使加料口处于理想的加料位置，松开加料口卡箍，取下平盖进行加料，加料量不得超过额定装量；

③加料完毕后，盖上平盖，上紧卡箍即可开机混合。

（2）开机运行

①根据工艺要求，调整好时间继电器；

②严格按规定的程序操作，开机进行混合；

③混合机到设定的时间会自动停机，若出料口位置不理想，可点动开机，将出料口调整到最佳位置，切断电源，方可开始出料操作；

④出料时打开出料阀即可出料；

⑤出料时应控制出料速度，以便控制粉尘及物料损失。

（3）操作注意事项及故障处理

①必须严格按规定要点进行操作；

②设备运转时，严禁进入混合桶运动区内；

③在混合桶运动区范围外应设隔离标志线，以免人员误入运动区；

④设备运转时，若出现异常振动和声音时，应停机检查，并通知维修工；

⑤设备的密封胶垫如有损坏、漏粉时应及时更换；

⑥操作人员在操作期间不得离岗。

3. 三维多向运动混合机操作规程

（1）开机前的准备工作

①开机时，空载起动电机，观察电机运转正常，停机开始工作；

②观察料桶运动位置，使加料口处于理想的加料位置，松开加料口卡箍，取下平盖进行加料，加料量不得超过额定装量；

③加料完毕后，盖上平盖，上紧卡箍即可开机混合。

（2）开机运行

①根据工艺要求，调整好时间继电器；

②严格按规定的程序操作，开机进行混合；

③混合机到设定的时间会自动停机，若出料口位置不理想，可点动开机，将出料口调整到最佳位置，切断电源，方可开始出料操作；

④出料时打开出料阀即可出料；

⑤出料时应控制出料速度，以便控制粉尘及物料损失，

（3）操作注意事项及故障处理

①必须严格按规定要点进行操作；

②设备运转时，严禁进入混合桶运动区内；

③在混合桶运动区范围外应设隔离标志线，以免人员误入运动区；

④设备运转时，若出现异常振动和声音时，应停机检查，并通知维修工；

⑤设备的密封胶垫如有损坏、漏粉时应及时更换；

⑥操作人员在操作期间不得离岗。

4. 槽型混合机操作规程

（1）开机前的准备工作

①开机时，空载起动电机，观察电机运转正常，停机开始工作；

②将称量好的原辅料装入原料容器，将黏合剂过滤后装入小车盛液桶内；

③加料完毕后，盖上盖。

（2）开机运行

操作过程中，必须调整好物料沸腾状态和黏合剂雾化状态，严格控制喷速、加浆量、制粒时间、成粒率、干燥温度和干燥时间，使制出颗粒符合规定指标。

①根据工艺要求，调整好时间继电器；

②严格按规定的程序操作，开机进行混合；

③混合机到设定的时间会自动停机，若出料口位置不理想，可点动开机，将出料口调整到最佳位置，切断电源，方可开始出料操作；

④出料时打开出料阀即可出料；

⑤出料时应控制出料速度，以便控制粉尘及物料损失。

（3）槽形混合机清洁规程

①向槽型混合机中注入约1/3体积的饮用水，用丝光毛巾将混合机内表面及搅拌桨表面所附着的可见药品清洗干净，开动搅拌桨数次，将搅拌桨死角处药品附着物清洗干净，用清洁球擦拭干净不易清洗的附着物，并用丝光毛巾将混合机内表面全面抹拭一遍，倾出洗涤水，设备外表面用丝光毛巾、饮用水擦拭干净；

②向槽型混合机中注入约1/3体积的纯化水，用丝光毛巾将混合机内表面及搅拌桨表面全面抹拭一遍（丝光毛巾须事先用纯化水清洗干净），然后倾出洗涤水，用拧干的丝光毛巾抹干，最后用75%的乙醇擦拭一遍设备内表面；

③内外表面清洗用清洁工具及清洗剂分开使用；

④挂上清洁状态标志并填写记录。

（六）操作注意事项及故障处理

①必须严格按规定要点进行操作；

②设备运转时，严禁进入混合桶运动区内；

③在混合桶运动区范围外应设隔离标志线，以免人员误入运动区；

④设备运转时，若出现异常振动和声音，应停机检查，并通知维修工；

⑤设备的密封胶垫如有损坏、漏粉时应及时更换；

⑥定期检查所有外露螺栓、螺母，并拧紧；

⑦检查机器润滑油是否充足、外观完好；

⑧发现异常声响或其他不良现象，应立即停机检查；

⑨操作时应盖好机盖，不得将手或工具伸入槽内或在机器上方传递物件；

⑩操作人员在操作期间不得离岗。

（七）设备维护

①保证机器各部件完好可靠；

②设备外表及内部应洁净，无污物聚集；

③各润滑油杯和油嘴应每班加润滑油和润滑脂；

④常见故障有振动、转动不均匀，产生原因是减速器齿轮失效，可通过添加润滑油或换润滑油，以及更换齿轮或减速器来排除。

四、质量判断

外观混合均匀，物料色泽和光泽均匀。

五、实训考核

考核内容		技能要求	分值
生产前准备	生产工具准备	1. 检查核实清场情况，检查清场合格证 2. 对设备状况进行检查，确保设备处于合格状态 3. 对计量容器、衡器进行检查核准 4. 对生产用的工具的清洁状态进行检查	20
	物料准备	1. 按生产指令领取生产原辅料 2. 按生产工艺规程制定标准核实所用原辅料（检验报告单，规格，批号）	
混合操作		1. 按操作规程进行混合操作 2. 按正确步骤将混合后物料进行收集 3. 混合完毕按正确步骤关闭机器	40
记录		生产记录填写准确完整	10
生产结束清场		1. 生产场地清洁 2. 工具和容器清洁 3. 生产设备的清洁 4. 清场记录填写准确完整	20
其他		正确回答考核人员提问	20

（朱照静、张彦）

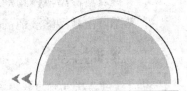

制剂实训

实 训 六 真溶液制剂的制备

一、实训目的

1. 掌握真溶液型液体药剂的概念、特点。
2. 掌握不同类型真溶液型液体药剂的制备技能，配制合格的产品。
3. 掌握真溶液型液体药剂中附加剂的使用方法。
4. 熟悉真溶液型体液药剂的质量评定方法。

二、实训指导

真溶液型液体药剂是指药物以分子或离子状态溶解于适当溶剂中制成的澄明的液体药剂。真溶液型液体药剂主要为低分子溶液，其分散相（药物）小于1nm，可内服，也可外用。常用的溶剂有水、乙醇、甘油、丙二醇、液状石蜡、植物油等。属于真溶液型液体药剂有：溶液剂、糖浆剂、甘油剂、芳香水剂和醑剂等。真溶液型液体药剂的制法有溶解法、稀释法和化学反应法，以溶解法应用最多。

1. 溶解法一般配制工艺流程

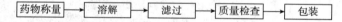

药物称量 → 溶解 → 滤过 → 质量检查 → 包装

（1）药物的称取和量取　固体药物常以克为单位，根据药物量的多少，选用不同的架盘天平称重。液体药物常以毫升为单位，选用不同的量杯或量筒进行量取。用量较少的液体药物，也可采用滴管计滴数量取（标准滴管在20℃时，1ml水应为20滴），量取液体药物后，应用少许水洗涤量器，洗液并于容器中，以减少药物的损失。

（2）溶解及加入药物　约取处方溶液的1/2~3/4量，加入药物搅拌使溶解，必要时加热。难溶性药物应先加入溶解，也可加入适量助溶剂或采用复合溶剂，帮助溶解。易溶解药物、液体药物及挥发性药物最后加入。酊剂加入水溶液中时，速度要慢，且应边加边搅拌。

（3）过滤　药液应反复过滤，直至到达澄明度合格为止。

（4）质量检查　成品应进行质量检查（外观性状）。

（5）包装及贴标签　质量检查合格后，定量分装于适当的洁净容器中，加贴符合要求的标签。

2. 根据液体药剂的不同目的可加入一些附加剂，如增溶剂、助溶剂、潜溶剂、防腐剂、矫味剂、着色剂和稳定剂等。制备过程中各物料的加入顺序如下：一般将助溶剂、潜溶剂、稳定剂等附加剂先加入，固体药物中难溶性药物应先加入溶解，易溶性药物、液体药物及挥发性药物后加入。

3. 真溶液型液体药剂生产情况介绍

（1）生产岗位　真溶液型液体药剂的生产岗位有：浓配岗位，灌封岗位、质检岗位、包装岗位，对应的工种为溶液剂配液工、灌封工、质检工、包装工。

（2）生产设备　溶液剂生产设备有：浓配罐、稀配罐、过滤设备、液体输送设备等（图6-1）。

浓配罐　　　　　钛棒过滤器

图6-1　部分生产设备

三、实训内容

（一）薄荷水的制备

【制剂处方1】

薄荷油	2ml
滑石粉	15g
纯化水	适量
共制	1000ml

【仪器与材料】

材料：薄荷油、滑石粉、纯化水。

仪器：乳钵、量筒、烧杯、玻璃漏斗、托盘天平等。

【制备工艺】

分散溶解法：取滑石粉，滴入薄荷油，在乳钵中研匀，加少量纯化水研成糊状，继续加纯化水研磨，转入量杯中加水至足量，用湿润的棉球或滤纸过滤，初滤液如浑浊，应重滤，再自滤器上加适量纯化水使成1000ml，即得。

【制剂处方 2】

薄荷油	0.1ml
吐温 80	0.1ml
纯化水	加至 50ml

【仪器与材料】

材料：薄荷油、吐温 80、纯化水。

仪器：量杯、托盘天平等。

【制备工艺】

取干燥量杯，将薄荷油与吐温 80 充分混匀，再加入纯化水至足量，搅匀即得。

【制剂质量检查与评价】

本品为无色澄明液体，有薄荷香气。本品久贮，易氧化变质，色泽加深，产生异臭，则不能供药用。

【作用与用途】

芳香矫味药与驱风药，用于胃肠充气或作分散媒用。

【分析与讨论】

（1）制备过程中使用滑石粉有帮助挥发油均匀分散在水中的作用。

（2）过滤用脱脂棉不宜过多，但应做成棉球塞住漏斗颈部。

（3）脱脂棉用水湿润后，反复过滤，不换滤材。

（4）本实验第二个处方中加入适量的聚山梨酯 80 以增加薄荷油在水中的溶解度。

（5）浓芳香水剂稀释后，做芳香水剂用。

【思考题】

（1）为什么要选用"精制的"滑石粉为分散剂？

（2）薄荷水的浓度为多少？为何处方量为 0.2%？

（3）如何采用浓薄荷水配制薄荷水？

（二）复方硼酸钠溶液（朵贝尔液）的制备

【制剂处方】

硼酸钠（硼砂）	15g
碳酸氢钠	15g

液化苯酚	3ml
甘油	35ml
伊红	适量
纯化水	加至 1000ml

【仪器与材料】

材料：硼砂、碳酸氢钠、液态苯酚、甘油、伊红、纯化水。

仪器：烧杯、量筒、玻璃棒、托盘天平等。

【制备工艺】

取硼砂、碳酸氢钠溶于适量水中，将液化酚溶于甘油后加入，放置半小时，待气泡停止后，加水至足量，并加适量伊红染色（着色剂）为淡红色，搅匀即得。

【制剂质量检查与评价】

本品为淡红色澄明液体，带有酚臭。

【作用与用途】

消毒防腐剂，适用于口腔炎，咽喉炎和扁桃体炎。口腔含漱。

【分析与讨论】

（1）硼砂不易溶解，可用热水加速溶解。

（2）碳酸氢钠在40℃以上易分解，故先用热纯化水溶解硼砂，放冷后再加入碳酸氢钠。

（3）液化酚加到甘油中可减少其刺激性。

（4）本品中含有的甘油硼酸钠和液化苯酚均具有杀菌作用，甘油硼酸钠由硼酸、甘油及碳酸氢钠经化学反应生成，其化学反应式如下：

$$Na_2B_4O_7 \cdot 10H_2O + 4C_3H_3(OH)_3 \rightarrow 2C_3H_5(OH)NaBO_3 +$$
$$2C_3H_5(OH)HBO_3 + 13H_2O$$
$$C_3H_5(OH)HBO_3 + NaHCO_3 \rightarrow C_3H_5(OH)NaBO_3 + CO_2 + H_2O$$

【思考题】

（1）本品为何用伊红？

（2）本品起治疗作用的是哪些成分？

（三）樟脑醑的制备

【制剂处方】

樟脑	100g

乙醇　　　　　　　　　　加至 1000ml

【仪器与材料】

材料：樟脑、乙醇。

仪器：量杯、玻璃棒、托盘天平等。

【制备工艺】

取樟脑加乙醇约 800ml 溶解后，再加乙醇成 1000ml，滤过，搅匀即得。

【制剂质量检查与评价】

本品为无色澄明液体，有樟脑的特殊臭味。

【作用与用途】

本品为局部刺激药。适用于神经痛、关节痛、肌肉痛及未破冻疮等。外用。

【分析与讨论】

（1）本品含醇量应为 80%～87%。

（2）本品遇水易析出结晶，故滤材用乙醇湿润，所用器具应干燥。

【思考题】

向水中加樟脑醑会析出什么？采用什么方法？

(四) 单糖浆的制备

【制剂处方】

蔗糖	850g
纯化水	适量
共制	1000ml

【仪器与材料】

材料：蔗糖、纯化水、蛋清。

仪器：量杯、玻璃棒、玻璃漏斗、托盘天平等。

【制备工艺】

取纯化水 450ml，煮沸，加蔗糖，不断搅拌，溶解后放冷至 40℃，加入 1 滴管蛋清搅匀，继续加热至 100℃使溶液澄清，趁热用精制棉过滤，自滤器上加适量热纯化水，使成 1000ml，搅匀，即得。

【制剂质量检查与评价】

本品为无色或淡黄白色的浓厚液体；味甜；遇热易发酸变质。

【作用与用途】

本品含糖量为85%（g/ml）或65%（g/g），可用于制备其他含药糖浆，或作为液体口服制剂的矫味剂。也可作片剂、丸剂的黏合剂。作包糖衣物料时，浓度应为74%（g/g）左右。

【分析与讨论】

（1）制备时，加热温度不宜过高（尤其是以直火加热），时间不宜过长，以防蔗糖焦化与转化，而影响产品质量。

（2）投药瓶及瓶塞洗净后应干热灭菌。趁热灌装时，应将密塞瓶倒置放冷后，再恢复直立，以防蒸汽冷凝成水珠存于瓶颈，致使糖浆发酵变质。

（3）本品应密封，在30℃以下避光保存。

（4）加热不仅能加速蔗糖溶解，尚可杀灭蔗糖中微生物、凝固蛋白，使糖浆易于保存。

【思考题】

（1）单糖浆配制时应注意哪些方面？

（2）为什么单糖浆中不用加防腐剂？

（3）用热溶法制备单糖浆有什么优点？

（4）加入蛋清的目的？

（五）橙皮糖浆的制备

【制剂处方】

橙皮酊	50ml
枸橼酸	5g
单糖浆	加至1000ml

【仪器与材料】

材料：橙皮酊、枸橼酸、单糖浆。

仪器：量杯、玻璃棒、托盘天平等。

【制备工艺】

取枸橼酸直接溶于橙皮酊中可得澄明液。单糖浆加至足量。

【制剂质量检查与评价】

本品为淡黄色黏稠液体，味甜。

【作用与用途】

芳香矫味剂。

【讨论与分析】

（1）用冷溶法制备，可把单糖浆先配好，避免橙皮酊损失。

（2）本品产生松节油臭或混浊时，不能再用。

【思考题】

（1）能用热溶法配制橙皮糖浆吗？

（2）橙皮糖浆不能与碱性药物配伍，为什么？

（六）消毒酒精的制备

用乙醇配制消毒酒精100ml，如何配制？配制后用酒精计测乙醇含量，作比较。

【仪器与材料】

材料：95%乙醇、纯化水。

仪器：量杯、玻璃棒、酒精计。

【制剂质量检查与评价】

本品为无色澄明液体，味刺鼻。

【作用与用途】

主要消毒伤口。

【分析与讨论】

70%～75%的酒精用于消毒。这是因为过高浓度的酒精会在细菌表面形成一层保护膜，阻止其进入细菌体内，难以将细菌彻底杀死。若酒精浓度过低，虽可进入细菌，但不能将其体内的蛋白质凝固，同样也不能将细菌彻底杀死。

【思考题】

用乙醇配制消毒酒精250ml，应取乙醇若干？加水若干？（水是可以计算，不实用，为什么？）

四、制剂质量检查与评价

1. 真溶液型液体药剂质量要求

（1）真溶液型液体药剂外观澄明。

（2）芳香水剂应具有与原药物相同的气味，不得有异臭、沉淀或杂质。

（3）糖浆剂含糖量应符合规定，药剂应澄清，含药材提取物的糖浆剂，允许有少量轻摇即可分散的沉淀；如有必要时加入适量的乙醇、甘油或多元醇作稳定剂，以防止沉淀的产生。

（4）糖浆剂在贮存期间不得有酸败、异臭、产生气体或其他变质现象。

（5）如需添加着色剂，其品种和用量应符合有关规定，并注意避免对检验产生干扰。

2. 本次实验质量检查结果记录如表6-1。

表6-1　溶液型液体制剂外观性状

组别	外观性状
薄荷水	
朵贝尔溶液	
樟脑醑	
单糖浆	
橙皮单糖浆	
消毒酒精	

由上表的结果进行讨论：

（1）分析并讨论实验结果，总结制备时应注意的问题。

（2）根据实验结果，总结出真溶液型液体制剂的特点。

五、制剂技能考核评标准

测试项目	技能要求		分数
实训准备	着装整洁，卫生习惯好，熟悉实验内容、相关知识，正确选择所需的材料及设备，正确洗涤		5
实训记录	能够正确、及时记录实验现象、数据		10
实训操作	按照实际操作计算处方中的药物用量，正确称量药物 能够按照试验步骤正确进行实验操作及仪器使用		10
	薄荷水	1. 药物的加入方法规范 2. 溶解法制备芳香水剂的基本操作规范	50
	朵贝尔溶液	1. 取硼砂加热溶解，稍冷加碳酸氢钠 2. 液化酚溶于甘油加入到上述溶液中，放置半小时，待气泡停止后 3. 加适量伊红为淡红色，定容	
	樟脑醑	1. 实验中使用的容器是否干燥 2. 滤过及自滤器上添加乙醇	
	单糖浆	制备的基本操作 滤过及自滤器上添加热纯化水	
	橙皮糖浆	制备的基本操作	
	消毒酒精	制备的基本操作	

续表

测试项目	技能要求	分数
成品质量	薄荷水：无色澄明，有薄荷香气	10
	朵贝尔溶液：红色澄明液体，红色示外用	
	樟脑醑：无色澄明液体	
	单糖浆：无色或淡黄色的澄清稠厚液体	
	橙皮糖浆：淡黄色澄清黏稠液体	
	消毒酒精：无色澄明液体	
清场	按要求清洁仪器设备、实验台，摆放好所用药品	5
实训报告	内容完整、真实、书写工整	10
合计		100

（邱妍川、巫映禾）

实训 七 胶体制剂的制备

一、实训目的

1. 掌握胶体制剂的概念、特点。
2. 掌握胶体制剂的溶解特性和制备方法。
3. 掌握胶体制剂与真溶液型液体药剂的区别。
4. 熟悉胶体制剂的质量评定方法。

二、实训指导

胶体制剂按分散系统分类，包括两类：一类属于分子（或离子）分散体系的高分子溶液。如羧甲基纤维素钠、西黄蓍胶、阿拉伯胶、琼脂、白芨胶等胶浆剂，以及胃蛋白酶、明胶等蛋白质溶液，另一类属于微粒（多分子聚集体）分散体系的胶体溶液。如氧化银溶胶、氢氧化铁溶胶以及由表面活性剂作增溶剂的某些溶液（如甲酚皂溶液）等。

由于胶体质点介于真溶液与混悬剂二者之间，所以胶体溶液既具有溶液的某些性质，又具有混悬剂的部分性质；但胶体溶液既不同于真溶液，也不同于混悬剂，它有其独特的性质。

胶体溶液型液体药剂的溶剂大多数是水，但也有乙醇、乙醚、丙酮等非水溶剂。按胶体与溶剂之间亲和力不同，胶体可分亲液（或亲水）胶体和疏液（或疏水）胶体。常用的多为亲水胶体溶液。

1. 亲水胶体溶液的制备方法

亲水胶体溶液系指一些分子量大的（高分子）药物以分子状态分散于溶剂中形成的均相溶液，又称高分子溶液。亲水胶体的制备与真溶液的制备基本相同，制备流程如下：

称量 → 有限溶胀 → 无限溶胀 → 混合 → 定容 → 混合均匀

溶解时要经过溶胀过程。宜将胶体粉末分次撒在液面上，使其充分吸水自然膨胀而胶溶；或将胶体粉末置于干燥容器内，先加少量乙醇或甘油使其均匀润湿，然后加大量水振摇或搅拌使之胶溶。如直接将水加到粉末中，往往黏结成团，使水难以透入团块中心，以致长时间不能制成均匀的胶体溶液。片状、块状原料（如明胶等），应加少量水放置，令其充分吸水膨胀，然后于水浴（60℃左右）加热使溶。

处方中需要加入电解质或高浓度醇、糖浆、甘油等具有脱水作用的液体时，应用溶剂稀释后再加入，且用量不宜过大。

胶体溶液如需滤过时，所用的滤材应与胶体溶液荷电性相同。最好选用不带电荷的滤器，以免凝聚。胶体溶液以新鲜配制为佳，以免发生陈化现象或污染微生物。必要时可加适宜的防腐剂，以增加制剂的稳定性。

2. 高分子溶液剂生产情况介绍

（1）生产岗位胶体制剂的生产岗位有：配液岗位，质检岗位、包装岗位，对应的工种为胶体制剂的配液工、质检工、包装工。

（2）生产设备胶体制剂生产设备有：胶体磨、超声分散仪、液体输送设备等（图7-1）。

胶体磨　　　　　　　　　　　　　超声波分散仪

图7-1 部分生产设备

三、实验内容

（一）胃蛋白酶合剂的制备

【制剂处方】

胃蛋白酶（1:3000）	20g
稀盐酸	20ml
橙皮酊	50ml
单糖浆	100ml
苯甲酸	2g
纯化水	加至1000ml

【仪器与材料】

材料：胃蛋白酶、橙皮酊、稀盐酸、单糖浆、苯甲酸、纯化水。

仪器：烧杯、量筒、玻璃棒、托盘天平等。

【制备工艺】

取苯甲酸溶于橙皮酊后，缓缓加入约 800ml 水中，搅匀，并加入糖浆和稀盐酸，搅匀，再将胃蛋白酶撒布在液面上，令其自然浸透后，轻轻搅拌使溶解，加水至足量，搅匀，即得。

【制剂质量检查与评价】

本品为淡黄色透明溶液，有橙皮芳香气。

【作用与用途】

本品能够助消化，消化蛋白质。用于缺乏胃蛋白酶或病后消化机能减退引起的消化不良症。

【分析与讨论】

（1）胃蛋白酶活性要求在 pH 1.5 ~ 2.5 之间，过高或过低都降低活性或完全失活。故配制时稀盐酸一定要先稀释。

（2）胃蛋白酶为胶体物质，溶解时，应撒布于液面，使其充分吸水膨胀，再缓缓搅匀，温度过高（40℃左右）也易失活，故不宜用热水。

（3）本品在贮存中受多种因素影响，易降低或消失活性，不宜久贮，不宜大量配制，不宜剧烈振摇。

（4）本处方所用胃蛋白酶消化力为1:3000，若用其他规格的应进行折算。本品系助消化药。胃蛋白酶为一种消化酶，能使蛋白质分解为蛋白胨。因其消化力以 pH 1.5 ~ 2.5 时最强，故常与稀盐酸配伍应用。橙皮酊为芳香性苦味健胃药，既是芳香矫味剂又有一定的健胃作用。单糖浆为矫味剂。

【思考题】

（1）制备胃蛋白酶合剂时，为什么要将胃蛋白酶撒在液面上，令其自然膨胀溶解?

（2）胃蛋白酶的活性与哪些因素有关?

（二）甲酚皂溶液的制备

【制剂处方】

甲酚	500ml
植物油	173g
氢氧化钠	27g
纯化水	加至 1000ml

【仪器与材料】

材料：甲酚、植物油、氢氧化钠、纯化水。

仪器：烧杯、量筒、玻璃棒、酒精灯、托盘天平等。

【制备工艺】

取氢氧化钠加水 100ml 溶解后，加植物油于水浴上加热至皂化完全，取溶液 1 滴加水 9 滴无油滴析出，即为皂化完全，趁热加入甲酚搅拌使溶解澄清，再加水至量。

【制剂质量检查与评价】

本品为黄棕色至红棕色的黏稠液体，带有甲酚臭气。

【作用与用途】

本品有杀菌作用，主要用于手、器械、环境消毒及处理排泄物。

【讨论与分析】

（1）处方中生成的钠皂可用钾皂代替。

（2）皂化过程中可加少量乙醇以加速皂化反应进行。

【思考题】

（1）何谓增溶？以该处为例说明增溶机理？

（2）写出皂化化学反应式，加速皂化反应的方法有哪些？

四、制剂质量检查与评价

本次实验质量检查结果记录如表 7 – 1。

表 7 – 1　胶体制剂外观性状

组别	外观性状
胃蛋白酶合剂	
甲酚皂溶液	

由上表的结果进行讨论：

（1）分析并讨论实验结果，总结制备时应注意的问题。

（2）根据实验结果，总结出亲水胶体溶液的特点。

五、制剂技能考核评标准

测试项目		评分细则	分数
实训准备		着装整洁，卫生习惯好，熟悉实验内容、相关知识，正确选择所需的材料及设备，正确洗涤	5
实训记录		能够正确、及时记录实验现象、数据	10
实训操作		按照实际操作计算处方中的药物用量，正确称量药物 能够按照试验步骤正确进行实验操作及仪器使用	10
	胃蛋白酶合剂	1. 取纯化水适量加稀盐酸、单糖浆，搅匀。不宜用热水配制（或加热），不宜剧烈搅拌 2. 将胃蛋白酶撒在液面上，待其自然膨胀溶解 3. 性状及外观	50
	甲酚皂溶液	1. 氢氧化钠加水溶解后，加植物油于水溶上加热至皂化完全 2. 皂化是否完全 3. 性状与外观	
成品质量		胃蛋白酶合剂：微黄色胶体溶液，有橙皮芳香气，味酸甜	10
		甲酚皂溶液：黄棕色至红棕色的黏稠液体，带有甲酚臭气	
清场		按要求清洁仪器设备、实验台，摆放好所用药品	5
实训报告		内容完整、真实、书写工整	10
合计			100

（邱妍川、巫映禾）

实 训 八 混悬剂的制备

一、实训目的

1. 掌握混悬型液体药剂的概念、特点和稳定性要求。
2. 掌握混悬液型液体药剂的一般制备方法。
3. 熟悉混悬液型液体药剂中稳定剂的类型并正确使用。
4. 熟悉混悬液型液体药剂的质量评定方法。

二、实训指导

混悬液型液体药剂（通常称为混悬剂）系指难溶性固体药物以微粒状态分散于液体分散介质中形成的非均相液体药剂，属于粗分散体系。分散质点一般在 0.1 ~ 10μm 之间，但有的可达 50μm 或更大。分散介质多为水，也可用植物油。优良的混悬剂其药物颗粒应细微、分散均匀、沉降缓慢；沉降后的微粒不结块，稍加振摇即能均匀分散；黏度适宜，易倾倒，且不沾瓶壁。

由于重力的作用，混悬剂中微粒在静置时会发生沉降。为使微粒沉降缓慢，应选用颗粒细小的药物以及加入助悬剂增加分散介质的黏度。此外，还可采用加润湿剂、絮凝剂、反絮凝剂的方法来增加混悬剂的稳定性。

混悬剂的制备方法有：分散法和凝聚法，其中凝聚法又分为化学凝聚法和物理凝聚法（图 8 - 1），最常用的是分散法。

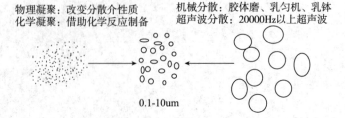

物理凝聚：改变分散介性质　　机械分散：胶体磨、乳匀机、乳钵
化学凝聚：借助化学反应制备　　超声波分散：20000Hz 以上超声波

0.1-10um

图 8 - 1　混悬剂的制备方法

1. 分散法制备混悬剂一般流程：

药物的称量与粉碎 ⟶ 药物润湿与分散 ⟶ 混悬剂

（1）药物的称量与粉碎：根据药物量的多少，选用正确的衡器。固体药物一般要粉碎、过筛，小量制备用乳钵，大量用胶体磨。

（2）润湿与分散：亲水性药物采用加液研磨法，成糊状后再加处方中剩余液体至全量，研磨均匀。疏水性药物必须先加润湿剂与其共研，在加分散介质直至全量研匀。

2. 注意事项

①处方中有共熔物时宜先共熔后加入；②处方中有盐类药物时，要先配成稀溶液后加入；③处方中有与分散介质不同性质的液体药物应缓慢研磨下加入；④润湿剂一般要与固体药物混合；⑤助悬剂要先配成一定浓度的稠厚液，再加入混合；⑥絮凝剂和反絮凝剂配成稀溶液后加入混合。⑦用改变溶剂性质析出沉淀的方法制备混悬剂时，应将醇性制剂（如酊剂、醑剂、流浸膏剂）以细流缓缓加入水性溶液中，并快速搅拌；⑧药瓶不宜盛装太满，应留适当空间以便于用前摇匀。并应加贴印有"用前摇匀"或"服前摇匀"字样的标签。

3. 混悬剂生产情况介绍

（1）生产岗位　混悬剂的生产岗位有：配液岗位，灌封岗位、质检岗位、包装岗位，对应的工种为液体制剂配液工、灌封工、质检工、包装工。

（2）生产设备　分散法制备混悬剂的设备有：胶体磨、乳匀机、超声波乳化仪等（图8-2）。

分体式胶体磨　　　　　高压乳匀机　　　　　超声波材料乳化分散仪

图8-2　部分生产设备

三、实训内容

（一）炉甘石洗剂的制备

【制剂处方】

炉甘石	150g
氧化锌	50g
甘油	50ml
羧甲基纤维素钠	2.5g
纯化水	适量
共制	1000ml

【制备工艺】

（1）分别称取炉甘石、氧化锌于乳钵内研磨均匀，过筛；

（2）量取甘油，与炉甘石、氧化锌混合，并加入适量纯化水共研成糊状；

（3）称取羧甲基纤维素钠，加适量纯化水溶解后，分次加入上述糊状液中，随加随研；

（4）研匀后，再加纯化水使成1000ml，搅匀，即得。

【作用与用途】

保护皮肤、收敛、消炎。用于皮肤炎症，如丘疹、亚急性皮炎、湿疹、荨麻疹。

【分析与讨论】

（1）氧化锌有重质和轻质两种，以选用轻质的为好。

（2）炉甘石与氧化锌均为不溶于水的亲水性的药物，能被水润湿。故先加入甘油和少量水研磨成糊状，再与羧甲基纤维素钠水溶液混合，使微粒周围形成水化膜以阻碍微粒的聚合，振摇时易再分散。加水量以能研成糊状为宜。

（3）炉甘石用前与氧化锌混合过100目筛。

（4）本处方可加入三氯化铝作絮凝剂或加入枸橼酸钠作反絮凝剂。

【思考题】

（1）影响混悬剂稳定性的因素有哪些？

（2）优良的混悬剂应达到哪些质量要求？

（3）混悬剂的制备方法有哪几种？

（二）复方硫（磺）洗剂的制备

【制剂处方】

硫酸锌	30g
沉降硫	30g
樟脑醑	250ml
甘油	100ml
羧甲基纤维素钠	5g
纯化水	适量
共制	1000ml

【制备工艺】

（1）称取羧甲基纤维素钠，加适量的纯化水，迅速搅拌，使成胶浆状；

（2）称取沉降硫置于乳钵中，分次加入甘油研至细腻后，与前者混合；

（3）称取硫酸锌溶于 200ml 纯化水中，滤过，将滤液缓缓加入上述混合液中；

（4）将樟脑醑在研磨下缓缓加入，研匀；

（5）加纯化水至 1000ml，搅匀，即得。

【作用与用途】

保护皮肤、抑制皮脂分泌、轻度杀菌与收敛。用于干性皮脂溢出症，痤疮等。

【分析与讨论】

（1）药用硫磺因加工处理的方法不同，分为精制硫、沉降硫、升华硫。其中以沉降硫的颗粒最细，易制成细腻而易于分散的成品，故选用沉降硫为佳。

（2）硫为强疏水性物质，颗粒表面易吸附空气而形成气膜，故易集聚浮于液面，应先以甘油研磨，使其充分润湿后再与其他液体研和，利于硫磺的分散。

（3）樟脑醑应以细流缓缓加入混合液中，并快速搅拌，以免析出颗粒较大的樟脑。

（4）羧甲基纤维素钠可增加分散介质的黏度，并能吸附在微粒周围形成保护膜，而使本品趋于稳定。

（5）本品禁用软肥皂，因它可与硫酸锌生成不溶性的二价皂。

【思考题】

（1）复方硫洗剂采取了哪些措施增加稳定性？

（2）制备复方硫洗剂时，加入樟脑醑时有什么现象，分析原因？

（三）白色洗剂

【制剂处方】

硫酸锌	45g
氢氧化钾	30g
升华硫	20g
乙醇（20%）	50ml
纯化水	适量
共制	1000ml

【制备工艺】

（1）取硫酸锌溶于约 400ml 纯化水中；

（2）取氢氧化钾，加入 20% 乙醇，使溶解；

（3）将升华硫分次加入氢氧化钾乙醇溶液，充分搅拌，煮沸 5～10 分钟，加纯化水 400ml；

（4）将上述溶液缓缓加入硫酸锌溶液中，随加随搅；

（5）加纯化水使成 1000ml，搅匀，分装，即得。

【作用与用途】

用于脂溢性皮炎、痤疮、疥疮等。

【分析与讨论】

（1）氢氧化钾与升华硫在乙醇的参与下反应生成新鲜的含硫钾，含硫钾与硫酸锌作用生成硫酸钾、硫化锌及胶体硫的白色混悬液。其配制过程的主要化学反应为：

$$6KOH + 8S \rightarrow 2K_2S_3 + K_2S_2O_3 + 3H_2O$$

$$ZnSO_4 + K_2S_3 \rightarrow K_2SO_4 + ZnS \downarrow + 2S \downarrow$$

（2）准确掌握氢氧化钾的称量，检测成品的 pH。化学反应结果显示：6mol KOH 与 8mol S 反应可生成 2mol K_2S_3（棕色）。市售 KOH 含钾量≥80%，含量波动范围较大，故称量前需先测定 KOH 含量，再确定其实际用量。若称量过多，造成 KOH 剩余，使制品碱性增高，增加对皮肤的刺激性；反之，则会造成含硫钾生成不足，造成制品含量偏低。因此，应注意检测制成品的 pH。将其控制在 7.8 左右。若 pH＞7.8，可用稀盐酸调整。

（3）含硫钾要现配现用。因含硫钾性质不稳定，存放时易吸收空气中的水分和二氧化碳，使其由原来的硫化物转变成亚硫酸盐。颜色由棕色变为灰黑色，质地由硬变松碎，不宜再作药用。所以含硫钾应采用现配的新鲜品。

（4）分次加入升华硫。乙醇催化氢氧化钾与升华硫的反应，该反应是一个放热的过程。由于乙醇经加热至沸腾，在加入升华硫时会造成乙醇外逸引起着火，所以在加入升华硫时应分次加入，不可一次加完，避免燃烧。

（5）本品为乳白色或微黄色的混悬液；有硫的特臭。

（6）注意自我防护。由于氢氧化钾碱性较强，具有腐蚀性，因此在其称量时应避免直接接触皮肤。若因不慎接触刺激皮肤，应立即用稀盐酸液冲洗。另外，在化学反应过程中会释放出有害气体，对眼、鼻、喉等均有较强的刺激作用。故配制过程中应带口罩，避免吸入。

（7）严格遵守操作规程。为确保制成品质量，新配制的含硫钾液在加入硫酸锌液之前，必须尽可能加水稀释，含硫钾液加入硫酸锌液中应慢加快搅，以使生成物微粒细小均匀。

【思考题】

（1）比较炉甘石洗剂、复方硫洗剂和白色洗剂的制备方法有何不同？

（2）为了使形成的硫微粒细小均匀，本实验采取了哪些措施？

（四）棕色合剂（复方甘草合剂）的制备

【制剂处方】

甘草流浸膏	120ml
复方樟脑酊	120ml
甘油	120ml
酒石酸锑钾	0.24g
纯化水	加至1000ml

【制备工艺】

取500ml纯化水，加入甘油、酒石酸锑钾，慢加快搅加入甘油流浸膏、复方樟脑酊，不断搅拌，使析出的颗粒尽可能小，加水至全量。

【制剂质量检查与评价】

本品为棕色或棕黑色液体；有香气，味甜。

【作用与用途】

本品具有镇咳、祛痰作用。常用于一般性咳嗽及上呼吸道感染性咳嗽的治疗。

【讨论与分析】

（1）处方中含甘草流浸膏（末梢性镇咳药）、复方樟脑酊（中枢性镇咳药）、酒石酸锑钾起恶心性祛痰作用，具有良好的促进支气管黏液分泌作用，可稀释痰液，使痰液容易咳出。

（2）由于酒石酸锑钾具毒性，虽在处方中含量较少，但目前已不再常用。

【思考题】

本处方为何种分类系统？为什么？

四、制剂质量检查与评价

（1）沉降体积比的测定　将炉甘石洗剂、复方硫洗剂和白色洗剂，分别倒入有刻度的具塞量筒中，密塞，用力振摇1min混悬液的开始高度 H_0，并放置，按表8-1所规定的时间测定沉降物的高度 H，按式（沉降体积比 $F = H / H_0$）计算各个放置时间的沉降体积比，记入表中。沉降体积比在 $0 \sim 1$ 之间，其数值愈大，混悬剂愈稳定。

表 8 – 1　2 小时内的沉降体积比 （H/ Ho）

时间 （分钟 ）	炉甘石洗剂	复方硫洗剂	白色洗剂
5			
15			
30			
60			
120			

（2） 重新分散试验　将上述分别装有炉甘石洗剂、复方硫洗剂和白色洗剂的具塞量筒放置一定时间 （48 小时或 1 周后，也可依条件而定），使其沉降，然后将具塞量筒倒置翻转 （一反一正为一次），并将筒底沉降物重新分散所需翻转的次数记于表 8 – 2 中。所需翻转的次数愈少，则混悬剂重新分散性愈好。若始终未能分散，表示结块亦应记录。

表 8 – 2　重新分散试验数据

	炉甘石洗剂	复方硫洗剂	白色洗剂
重新分散翻转次数			

五、制剂技能考核评价标准

测试项目	技能要求	分值
实训准备	着装整洁，卫生习惯好。 实验内容、相关知识，正确选择所需的材料及设备，正确洗涤	5
实训记录	正确、及时记录实验的现象、数据	10
实训操作	按照实际操作计算处方中的药物用量，正确称量药物 按照实验步骤正确进行实验操作及仪器使用。按时完成 炉甘石洗剂：（30 分钟） （1） 炉甘石、氧化锌于乳钵内研磨均匀 （2） 甘油、炉甘石、氧化锌与适量纯化水共研成糊状 （3） 羧甲基纤维素钠配成胶浆，分次加入糊状液中，随加随研 （4） 定容，搅匀 复方硫磺洗剂：（30 分钟） （1） 羧甲基纤维素钠制成胶浆 （2） 沉降硫分次加入甘油研至细腻后加入胶浆 （3） 硫酸锌溶于水中，滤过，滤液加入混合物中 （4） 樟脑醑在研磨下缓缓加入 （5） 定容，搅匀 白色洗剂：（30 分钟） （1） 硫酸锌溶于纯化水中 （2） 氢氧化钾溶于 20% 乙醇 （3） 升华硫分次加入氢氧化钾溶液，搅拌后煮沸 5 ~ 10 分钟，加水 （4） 将上述溶液缓缓加入硫酸锌溶液中，随加随搅 （5） 定容，搅匀	

测试项目	技能要求	分值
实训操作	复方甘草合剂：（30分钟） （1）甘油、酒石酸锑钾溶于水中加水至全量	10
	（2）慢加快搅加入甘油流浸膏、复方樟脑酊 （3）不断搅拌，使析出的颗粒尽可能小 （4）定容，搅匀	50
成品质量	炉甘石洗剂：粉色混悬液，放置后可沉淀，但振摇后即成均匀的混悬液	10
	复方硫磺洗剂：黄色混悬液体，有硫、樟脑的特臭；颗粒沉降缓慢，不析出樟脑大颗粒	
	白色洗剂：乳白色或微黄色的混悬液；有硫的特臭	
	复方甘草合剂：棕色或棕黑色液体；有香气，味甜	
清场	按要求清洁仪器设备、实验台，摆放好所用药品	5
实训报告	实验报告工整，项目齐全，结论准确，并能针对结果进行分析讨论	10
合计		100

（林凤云、王　双）

实训 九 乳剂的制备

一、实训目的

1. 了解乳浊液型液体药剂的概念、特点、类型和稳定性要求。
2. 掌握乳剂的一般制备方法。
3. 掌握乳剂类型的鉴别方法、比较不同方法制备乳剂的液滴粒度大小、均匀度及其稳定性。

二、实训指导

乳浊液型液体药剂也称乳剂，系指两种互不相溶的液体混合，其中一种液体以液滴状态分散于另一种液体中形成的非均相分散体系。形成液滴的一相称为内相、不连续相或分散相；而包在液滴外面的一相则称为外相、连续相或分散介质。分散相的直径一般在 $0.1 \sim 10 \mu m$ 之间。乳剂属热力学不稳定体系，须加入乳化剂使其稳定。乳剂可供内服、外用，经灭菌或无菌操作法制备的乳剂，也可供注射用。

乳剂因内、外相不同，分为 O/W 型和 W/O 型等类型，可用稀释法和染色镜检等方法进行鉴别。

1. 乳剂制备方法

通常小量制备时，可在乳钵中研磨制得或在瓶中振摇制得，如以阿拉伯胶作乳化剂，常采用干胶法和湿胶法。也可采用新生皂法制备乳剂。工厂大量生产多采用乳匀机、高速搅拌器、胶体磨制备。

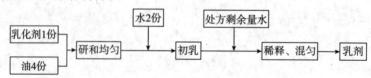

干胶法制备乳剂的工艺流程图

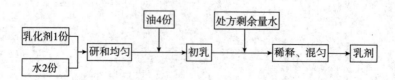

湿胶法制备乳剂的工艺流程图1

新生皂法制备乳剂的工艺流程图

湿胶法制备乳剂的工艺流程图2

2. 乳剂生产情况介绍

（1）生产岗位　乳剂的生产岗位有：配液岗位，灌封岗位、质检岗位、包装岗位，对应的工种为乳剂配液工、灌封工、质检工、包装工。

（2）生产设备　乳剂生产设备有：高速搅拌机、乳化机、胶体磨、乳匀机、储液罐、液体输送设备等（图9-1）。

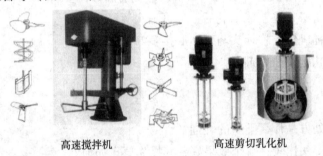

高速搅拌机　　　　　　高速剪切乳化机

图9-1　部分生产设备

三、实训内容

（一）鱼肝油乳的制备

【制剂处方】

鱼肝油	500ml
阿拉伯胶（细粉）	125g
西黄芪胶（细粉）	7g
蒸馏水	加至1000ml

【制备工艺】

（1）干胶　按油:水:胶（4:2:1）比例，将鱼肝油与阿拉伯胶和西黄芪胶轻轻混合均匀，形成均匀的混合液，一次加入比例量的水，用力沿一个方向迅速研磨，直至稠厚的乳白色初乳生成为止（有劈裂声），再加水稀释研磨至足量。

（2）湿胶法　按油∶水∶胶（4∶2∶1）比例，阿拉伯胶与水先研成胶浆，再加入西黄芪胶粉形成胶浆，然后将鱼肝油分次加入胶浆中，并边加边沿同一方向迅速研磨至初乳生成。再加水稀释至足量，研匀，即得。

【作用与用途】

本品用于预防和治疗成人维生素 A 和 D 缺乏症，如夜盲症、眼干燥症、角膜软化症、佝偻病、软骨病等。

【分析与讨论】

（1）本制剂以阿拉伯胶为乳化剂，制成的乳剂为 O/W 型乳剂。

（2）干胶法中按油∶水∶胶（4∶2∶1）比例，一次加水，迅速沿一个方向研磨，加水量不足或过慢易使乳剂转相，形成 W/O 型乳剂，较难转化成 O/W 型乳剂，且易破裂。

（3）干胶法应选用干燥乳钵，量器分开。

（4）湿胶法所用的胶浆（水∶胶 = 2∶1）应提前制好，备用。

（5）乳剂制备必须先制成初乳后，方可加水稀释。

（6）选用粗糙乳钵，杵棒头与乳钵底接触好。

（7）可加矫味剂及防腐剂。

【思考题】

（1）分析本处方是什么类型的乳剂？

（2）干法与湿法比较，哪个效果好，其操作要点如何？

（3）有哪些方法可以判断乳剂的类型？

（二）石灰尘搽剂的制备

【制剂处方】

氢氧化钙溶液	50ml
花生油	50ml

【制备工艺】

取两种药物在乳钵中研磨，即得。

【作用与用途】

本品用于轻度烫伤，具有收敛、止痛、润滑、保护等作用。

【分析与讨论】

（1）本品为 W/O 型乳浊液

（2）本品制备方法为新生皂法，乳化剂为氢氧化钙与花生油中所含的少量游离脂肪酸经皂化反应生成的钙皂。

（3）花生油可用其他植物油代替，用前应以干热灭菌法灭菌。氢氧化钙为饱和溶液。

【思考题】

（1）石灰搽剂用振摇法即能乳化，说明了什么问题？

（2）乳剂的类型是根据什么确定的？

（3）石灰搽剂制备的原理是什么？

四、制剂质量检查与评价

1. 观察乳剂外观性状

观察鱼肝油乳、石灰搽剂的外观性状，并将结果记录于表 9-1 中。

表 9-1 乳剂的外观性状观察结果

组别	外观性质
鱼肝油乳（干胶法）	
鱼肝油乳（湿胶法）	
石灰搽剂	

由上表的结果进行讨论：

（1）分析并讨论实验结果，总结制备时应注意的问题。判断乳剂类型。

（2）根据实验结果，总结 O/W 和 W/O 型乳剂的外观特点。

2. 乳剂类型鉴别

（1）染色法：将上述两种乳剂涂在载玻片上，加油溶性苏丹红染色，镜下观察。另用水溶性亚甲蓝染色，同样镜检，判断乳剂的类型。将实训结果记录于表 9-2 中。

（2）稀释法：取试管两支，分别加入液状石蜡乳剂和石灰搽剂各一滴，加水约 5ml，振摇或翻转数次。观察是否能混匀。并根据实训结果判断乳剂类型。

【注意事项】

染色法所用检品及试剂，用量不宜过多，以防污染或腐蚀显微镜。

表9-2 乳剂类型鉴别结果

	鱼肝油乳	石灰搽剂
	内相	外相
苏丹红		
亚甲蓝		
乳剂类型		

五、制剂技能考核评价标准

测试项目	技能要求	分值
实训准备	着装整洁，卫生习惯好 熟悉实验内容、相关知识，正确选择所需的材料及设备，正确洗涤	5
实训记录	正确、及时记录实验的现象、数据	10
实训操作	按照实际操作计算处方中的药物用量，正确称量药物 按照实验步骤正确进行实验操作及仪器使用，按时完成	10
	干胶法制备鱼肝油乳：（30分钟） （1）按油∶胶=4∶1比例，将鱼肝油与阿拉伯胶和西黄芪胶混合均匀 （2）一次加入比例量的水 （3）用力沿一个方向迅速研磨；至稠厚的乳白色初乳生成为止 （4）加水稀释研磨至足量	50
	湿胶法制备鱼肝油乳：（30分钟） （1）按水∶胶=2∶1比例将阿拉伯胶与西黄芪胶制成胶浆 （2）鱼肝油分次加入胶浆中 （3）边加边沿同一方向迅速研磨至初乳生成 （4）加水稀释至足量，研匀	
	石灰搽剂：（15分钟） 取两种药物在乳钵中混合，沿一个方向不断研磨	
成品质量	鱼肝油乳（干胶法）：乳白色或微黄色均匀乳状黏稠液体、味香甜	10
	鱼肝油乳（湿胶法）：微黄色或微黄色均匀乳状黏稠液体、味香甜	
	石灰搽剂：乳黄色黏稠产物	
清场	按要求清洁仪器设备、实验台，摆放好所用药品	5
实训报告	实验报告工整，项目齐全，结论准确，并能针对结果进行分析讨论	10
合计		100

（林凤云、许　燕）

实训 ⑩ 浸出制剂的制备

一、实训目的

1. 掌握浸出药剂的制备方法、操作要点。
2. 熟悉质量检查内容。
3. 了解影响浸出的各种因素。

二、实训指导

酊剂系指药物用规定浓度的乙醇提取或溶解而制成的澄清液体制剂。除另有规定外，含有毒性药的酊剂，每100ml应相当于原药材10g；其他酊剂，每100ml相当于原药材20g，但也有依习惯或医疗需要按成方配制者，如碘酊等。亦可用流浸膏稀释后制成，故制备酊剂可用浸渍法、渗漉法、溶解法、稀释法。制备方法的合理选用应根据药物的特性而定。

中药口服液是指中药材经过适当方法的提取、纯化，加入适宜的添加剂制成的一种口服液体制剂。它是在汤剂、注射剂基础上发展起来的新剂型，其制备工艺流程为：药材预处理、提取与精制、浓缩、配液、过滤、灌封、灭菌与检漏、质量检查、贴标签与包装。

流浸膏剂系指药材用适宜的溶剂提取，蒸去部分溶剂，调整浓度至规定标准而制成的制剂。除另有规定外，流浸膏剂每1ml相当于原药材1g。流浸膏剂直接作为制剂服用较少，一般多用作配制酊剂、合剂、糖浆剂、丸剂及其他制剂的原料。而含有生物碱或其他有效成分的浸膏剂，皆需经过含量测定以稀释剂调整至规定的规格标准或继续浓缩至规定的量。流浸膏剂除特殊规定外，一般都以不同浓度乙醇为溶剂，用渗漉法制备，有时也用浸渍法和煎煮法制备，亦可用浸膏剂加规定溶剂稀释制成。

常用浸出方法的工艺流程：

煎煮法：

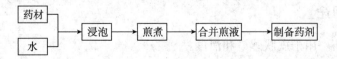

浸渍法：

渗漉法：

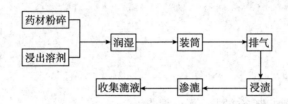

三、实训内容

（一）碘酊的制备

【制剂处方】

碘	20g
碘化钾	15g
乙醇	500ml
纯化水	适量
共制	1000ml

【仪器与材料】

材料：纯化水、碘、碘化钾、乙醇。

仪器：架盘天平、玻璃纸或硫酸纸、称药纸、药匙、量杯、玻璃棒。

【制备工艺】

取碘化钾，加纯化水 20ml 溶解，加碘溶解完全后，再加乙醇及适量纯化水使成1000ml，搅匀即得。

【制剂质量检查与评价】

外观性状：红棕色的澄清液体，有碘与乙醇的特殊臭味。

【作用与用途】

消毒防腐药。用于皮肤感染和消毒。

【分析与讨论】

（1）碘具强氧化性、腐蚀性、挥发性。注意不与皮肤接触，忌用纸称取。

（2）碘化钾宜先配成浓溶液，然后加碘，能很快促进溶解。

（3）碘与碘化钾形成络合物后，能使碘在溶液中更稳定，不易挥发损失；能防止或延缓碘与水、乙醇发生化学变化产生碘化氢，使游离碘的含量减少，使消毒力下降，刺激性增强。

（4）碘在乙醇中溶解度为 1∶13，在该处方中，不加碘化钾，碘可完全溶解在乙醇中，但切不可将碘直接溶于乙醇后再加碘化钾，否则失去加碘化钾的络合作用。

（5）宜用棕色玻璃瓶盛装，冷暗处保存。

（6）碘酊忌与升汞溶液同用，以免生成碘化汞钾，增加毒性，对碘有过敏反应者忌用本品。

【思考题】

（1）本处方中碘化钾起什么作用？

（2）为什么溶解碘化钾的纯化水不能太多？

（二）复方樟脑酊的制备

【制剂处方】

樟脑	0.3g
阿片酊	5.0ml
苯甲酸	0.5g
八角茴香油	0.3ml
56%乙醇	适量
共制	100ml

【仪器与材料】

材料：纯化水、乙醇、樟脑、阿片酊、苯甲酸、八角茴香油。

仪器：架盘天平、称药纸、药匙、量杯、玻璃棒。

【制备工艺】

取苯甲酸、樟脑与八角茴香油，加 56%乙醇 90ml 溶解后，缓缓加入阿片酊与 56%乙醇适量，使成 100ml，搅匀，滤过即得。

【制剂质量检查与评价】

外观性状：黄棕色澄清液体；有樟脑与八角茴香油香，味甜而辛。

乙醇量：应为 52%～60%。

【作用与用途】

镇咳、镇痛药、止泻药。

【分析与讨论】

（1）本品含无水吗啡（$C_{17}H_{19}O_2N$）应为 0.045% ~ 0.055%（g/ml）。

（2）有成瘾性，不宜长期应用。

【思考题】

（1）阿片酊属于哪类特殊药品？

（2）如何用 95% 乙醇配制 56% 乙醇 100ml？

（三）橙皮酊的制备

【制剂处方】

橙皮	100g
乙醇（60%）	适量
共制	1000ml

【仪器与材料】

材料：纯化水、乙醇、橙皮。

仪器：架盘天平、称药纸、锥形瓶或圆底烧瓶、橡胶塞、量杯、漏斗、滤纸、玻璃棒。

【制备工艺】

取橙皮，加 60% 乙醇 900ml，浸渍 3 ~ 5 天，滤过，压榨残渣，合并滤液与压榨液，静置 24 小时，滤过，加溶媒至全量，搅匀即得。

【制剂质量检查与评价】

（1）外观性状：黄棕色澄清液体。

（2）乙醇量：应为 48% ~ 58%。

【作用与用途】

本品为芳香性苦味健胃药，亦具有祛痰作用。常用于配制橙皮糖浆。

【分析与讨论】

（1）干橙皮与鲜橙皮的含油量差异极大，本品规定用干橙皮。如用鲜品应取 250g，以 75% 乙醇作溶媒，制成 100ml。

（2）乙醇浓度不宜更高，以防橙皮中树脂、粘胶质过多浸出，久贮沉淀可滤除。

（3）本品亦可用两次浸渍或渗漉法制备。

【思考题】

本品采用的是什么浸出方法？此法适用于哪些药材？

（四）甘草流浸膏的制备

【制剂处方】

甘草（粗粉）	50.0g
氨溶液	适量
乙醇	适量
共制	50ml

【仪器与材料】

材料：纯化水、乙醇、浓氨水、甘草（粗粉）。

仪器：架盘天平、称药纸、药匙、圆锥形渗漉筒、乳钵、铁架台、量杯、烧杯、蒸发皿、酒精灯、铁丝网、三角架、漏斗、滤纸、脱脂棉、玻璃棒、鹅卵石。

【制备工艺】

50g甘草粗粉中加 1∶200 氨水 50 ml，湿润 15 分钟，装筒，排气，浸渍 24 小时；快速渗漉（3~5ml/min），漉液（为药材 4~8 倍或至无甜味）煮沸 5 分钟，倾泻过滤，水浴浓缩至约 35ml，冷后加浓氨水适量至显氨臭，含测，加乙醇与纯化水至 50ml，静置、滤过即得。

【制剂质量检查与评价】

（1）外观性状：棕色或红褐色的液体；味甜、略苦、涩。

（2）乙醇量：应为 20%~25%。

（3）pH：应为 7.5~8.5。

【作用与用途】

缓和药，常与化痰止咳药配伍应用，能减轻对咽部黏膜的刺激，并有缓解胃肠平滑肌痉挛与去氧皮质酮样作用。用于气管炎、咽喉炎、支气管哮喘、慢性肾上腺皮质功能减退症。

【分析与讨论】

（1）一般药材用 7 号粉为原料，太细易者塞滤孔。

（2）已湿润的药粉装筒时，压力要均匀，松紧要合适，装筒后要排气，再进行浸渍，以免影响渗漉完全。

（3）本品含甘草酸不得少于 7% ，含乙醇量为 20% ~25% 。

【思考题】

（1）甘草流浸膏中的有效成分是什么？

（2）制备过程中为何用稀氨溶液作溶媒？最后成品至显氨臭的目的是什么？加乙醇的目的是什么？

（3）渗漉液为何加热煮沸后过滤？

（五）生脉饮的制备

【制剂处方】

党参	300g
麦冬	200g
五味子	100g
共制	1000ml

【仪器与材料】

材料：纯化水、乙醇、单糖浆、苯甲酸钠、党参、麦冬、五味子

仪器：架盘天平、称药纸、药匙、铁架台、量杯、烧杯、蒸发皿、酒精灯、铁丝网、三角架、漏斗、滤纸、脱脂棉、玻璃棒、灌注器、酒精熔封灯、安瓿（蒸馏瓶、球形冷凝管、酒精温度计、接收瓶）。

【制备工艺】

以上三味，加水煎煮二次，第一次 2 小时，第二次 1.5 小时，合并煎液，滤过，滤液浓缩至约 300ml ，放冷，加乙醇 600ml ，放置 24 小时，滤过，滤液减压浓缩成稠膏状，加水适量稀释，滤过，加单糖浆 300ml 与防腐剂适量，再加水至 1000ml ，搅匀，灌装，熔封，灭菌即得。

【制剂质量检查与评价】

（1）外观性状：黄棕色至红棕色的澄净液体，久置可有微量浑浊；气香，味酸甜、微苦。

（2）pH：应为 4.5 ~7.0 。

（3）相对密度：应不低于 1.08 。

（4）装量：照《中国药典》2010 年版附录检查法检查，应符合规定。

（5）微生物限度：照《中国药典》2010 年版附录微生物限度检查法检查，应符合规定。

【作用与用途】

益气复脉，养阴生津。用于气阴两亏，心悸气短，脉微自汗。

【分析与讨论】

本品系灌封于安瓿内，灭菌后供口服用，服用时，应避免将玻璃碎片混入药液，同时亦不得与注射用安瓿剂混淆。

【思考题】

（1）本品属什么剂型？采取什么浸出方法提取有效成分的？

（2）本品可选用什么作防腐剂？

（六）紫草油的制备

【制剂处方】

紫草	0.75kg
大黄	0.5kg
麻油	7.5kg

【仪器与材料】

材料：紫草、大黄、麻油。

仪器：架盘天平、称药纸、药匙、铁架台、量杯、烧杯、蒸发皿、酒精灯、三角架、漏斗、纱布、玻璃棒、石棉网。

【制备工艺】

取紫草、大黄，拣去杂质，酌予碎断，置麻油中浸渍半天，加热至100℃并保持10分钟，继续浸渍24小时，用纱布滤过即得。

【制剂质量检查与评价】

外观性状：红棕色油状液体。

【作用与用途】

消炎，止血，防腐。用于烧伤，烫伤等。

【分析与讨论】

（1）紫草中含紫草红，又含酸基紫根红，加碱分解得紫根杜，紫根杜易溶于油，对热不稳定，加热温度不宜过高，时间不宜过长。有的在水浴上加热1小时，过滤后残渣再煎一次，合并两次滤液，即得。也有用渗漉法制取，即用已灭菌放冷的麻油，（处方半量）浸泡三天后，渗漉放出，再加剩余麻油浸24小时放出，合并二液即得。

（2）亦可用其他植物油浸取。但应将油先煮沸去泡并冷至100℃，再按上述操作制取。

【思考题】

本品浸出时如何保证浸出液质量？

四、制剂技能考核评价标准

测试项目	技能要求	分值
实训准备	服装整洁，卫生习惯好，操作安静 熟悉实验内容、相关知识，正确选择所需的材料及设备，正确洗涤	5
实训记录	正确、及时记录实验的现象、数据	10
实训操作	按照实际操作计算处方中的药物用量，正确称量药物 能够按照实验步骤正确进行实验操作及仪器设备的使用	10
	碘酊： （1）碘化钾配成浓溶液 （2）加碘溶解完全 （3）加乙醇，加纯化水定容准确，搅匀	50
	复方樟脑酊： （1）苯甲酸、樟脑与八角茴香油，加56%乙醇溶解完全 （2）阿片酊慢加快搅加入 （3）加56%乙醇定容准确，搅匀，滤过操作正确 橙皮酊： （1）橙皮，加60%乙醇采用浸渍法得浸出液 （2）静置，滤过，加溶媒至全量，搅匀	
	甘草流浸膏： （1）甘草粗粉采用渗漉法得渗漉液 （2）漉液煮沸5分钟，过滤，浓缩，放冷 （3）加浓氨水适量至显氨臭，加乙醇，加纯化水定容 （4）静置、滤过	
	生脉饮： （1）三味药用煎煮法得煎出液，滤过 （2）滤液浓缩，放冷，醇沉，静置，滤过 （3）滤液减压浓缩，加水适量稀释，滤过 （4）滤液加单糖浆与防腐剂，再加水定容，搅匀，灌封，灭菌	
	紫草油： （1）紫草、大黄置麻油中浸渍 （2）煎煮，再浸渍，纱布滤过	

测试项目	技能要求	分值
成品质量	碘酊：红棕色澄清液体，碘溶解完全	10
	复方樟脑酊：黄棕色澄清液体；有樟脑与八角茴香油香	
	橙皮酊：黄棕色澄清液体	
	甘草流浸膏：棕色或红褐色的液体	
	生脉饮：黄棕色至红棕色的澄净液体	
	紫草油：红棕色油状液体	
清场	按要求清洁仪器设备、实验台，摆放好所用药品	5
实训报告	实验报告工整，项目齐全，结论准确，并能进行分析讨论	10
合计		100

（曾　俊、赵正芳）

实训 ⑪ 安瓿剂的制备

一、实训目的

1. 掌握空安瓿与垂熔玻璃滤器的处理方法。
2. 掌握注射液的配制、滤过、灌封、灭菌等基本操作。
3. 熟悉安瓿剂漏气检查和澄明度检查。
4. 学会干燥箱和净化工作台的使用。

二、实训指导

1. 安瓿注射剂制备的一般流程

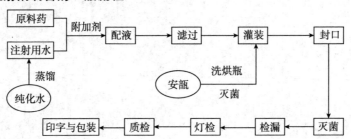

2. 制备方法

（1）安瓿的处理　将纯化水灌入安瓿内，经100℃加热30分钟，趁热甩水，再用滤清的纯化水、注射用水灌满安瓿，甩水，如此反复三次，以除去安瓿表面微量游离碱、金属离子、灰尘和附着的砂粒等杂质。洗净的安瓿，立即以120℃～140℃温度烘干，备用。

（2）垂熔玻璃滤器的处理　将垂熔玻璃滤器用纯化水冲洗干净，用1%～2%硝酸钠硫酸液浸泡12～24小时，再用纯化水、注射用水反复抽洗至抽洗液中性且澄明，抽干，备用。

（3）配液　配液用器具按要求处理洁净干燥后使用。一般配液方法有两种：

①稀配法：即将原料药加入溶剂中，一次配成所需的浓度。

②浓配法：即将原料药加入部分溶剂中，配成浓溶液，加热滤过，必要时可加活性炭处理，也可冷藏后再过滤，然后稀释到所需浓度。

（4）滤过　过滤方法有加压滤过，减压滤过和高位静压滤过等。滤器的种类也较多，以供粗滤、预滤和精滤。按实验室条件，安装好滤过装置。

（5）灌封　将滤清的药液立即灌封。要求剂量准确，药液不沾安瓿颈壁。易氧化药物，在灌装过程中可通惰性气体。

（6）灭菌与检漏　安瓿熔封后按规定及时灭菌。灭菌完毕，趁热取出放入冷的1%亚甲蓝溶液中检漏。

3. 质量检查

（1）漏气检查　将灭菌后的安瓿趁热置于有色溶液中，稍冷取出，用水冲洗干净，剔除被染色的安瓿，并记录漏气支数。

（2）澄明度检查　将安瓿外壁擦干净，1～2ml 安瓿每次拿取 6 支，于伞棚边处，手持安瓿颈部使药液轻轻翻转，用目检视。每次检查 18 秒钟。50ml 或 50ml 以上的注射液按直立、倒立、平视三步法旋转检视。按以上装置及方法检查，除特殊规定品种外，未发现有异物或仅带微量白点者作合格论。

（3）澄明度检查中术语

①白块：系指用规定的检查方法，能看到有明显的平面或棱角的白色物质。

②白点：不能辨清平面或棱角的按白点计。但有的白色物质虽不易看清平面、棱角（如球形），但与上述白块同等大小或更大者，应作白块论。在检查中见似有似无或若隐若现的微细物，不作白点计数。

③微量白点：50ml 或 50ml 以下的注射液，在规定的检查时间内仅见到 3 个或 3 个以下白点者，作为微量白点；100ml 或 100ml 以上的注射液，在规定检查时间内仅见到 5 个或 5 个以下的白点时、作为微量白点。

④少量白点：药液澄明、白点数量比微量白点较多，在规定检查时间内较难准确计数者。

⑤微量沉积物：指某些生化制剂或高分子化合物制剂，静置后有微小的质点沉积，轻轻倒转时有烟雾状细线浮起，轻摇即散失者。

⑥异物：包括玻璃屑、纤维、色点、色块及其他外来异物。

⑦特殊异物：指金属屑及明显可见的玻璃屑、玻璃块、玻璃砂、硬毛或粗纤维等异物。金属屑有一面闪光者即是，玻璃屑有闪烁性或有棱角的透明物即是。

4. 生产材料、仪器

见图 11-1 所示。

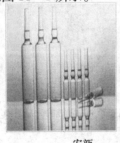　　　

安瓿　　　　　安瓿灌装器　　　　　喷灯　　　　　布氏漏斗

图 11-1　部分生产仪器

三、实训内容

（一）盐酸普鲁卡因安瓿注射剂

【制剂处方】

盐酸普鲁卡因	10g
氯化钠	7g
注射用水	适量
共制	1000ml

【仪器与材料】

仪器：烧杯、量杯、玻璃棒、药勺、滴管、天平、酒精灯、布氏漏斗、喷灯、镊子、蒸汽灭菌器。

材料：空安瓿瓶、纯化水、注射用水、棉花、氯化钠、盐酸普鲁卡因、稀盐酸、pH 试纸、有色溶液。

【制备工艺】

（1）配液：取注射用水约 800ml，加氯化钠搅拌使溶，加盐酸普鲁卡因，并加酸调整 pH 为 4.0～4.5，再加溶媒至足量，搅匀，精滤得澄明液（注意滤过装置的安装和原理）。

（2）空安瓿的洗涤处理：先灌满 0.1% 盐酸溶液煮洗，冲洗后再用水煮洗，烘干。

（3）注射液的灌封：灌封器注意排气，要调整好位置，溶封前可先用废安瓿练习手法，以减少损失。

（4）安瓿剂的灭菌与检漏：100℃流通蒸汽灭菌 30 分钟，并趁热放入有色溶液中检漏。

（5）安瓿剂的质量检查：进行 pH 和澄明度检查。

（6）安瓿剂的印字包装。

【制剂质量检查与评价】

（1）无色透明、澄清溶液，pH 5.0～6.0。

（2）安瓿封口圆滑、无尖头、鼓泡、凹陷现象。

【作用与用途】

局部麻醉药。用于浸润麻醉、阻滞麻醉、腰椎麻醉、硬膜外麻醉及封闭疗法等。

【分析与讨论】

（1）盐酸普鲁卡因是弱碱与强酸结合的盐，易水解，脱羧后生成苯胺，为此先调节 pH 至 4.2~5.0，因这时最为稳定，有的用热压 115.5℃ 半小时灭菌（一般认为 100℃ 半小时为好）。

（2）氯化钠调节渗透压，并能增加溶液的稳定性，抑制水解。

（3）氧、光线、金属等亦能影响，使其分解，故在配制及贮存中应注意避免。

【思考题】

（1）易氧化药物的注射剂在生产时应注意什么问题？可采取哪些具体措施？

（2）配液的时候采用的是什么方法？稀配法和浓配法的操作特点有什么区别？

（二）板蓝根注射液

【制剂处方】

板蓝根	550g
苯甲醇	10ml
聚山梨酯 –80	10ml
注射用水	适量
共制	1000ml

【仪器与材料】

仪器：烧杯、量杯、玻璃棒、药勺、滴管、天平、酒精灯、漏斗、蒸发皿、布氏漏斗、喷灯、镊子、蒸汽灭菌器。

材料：空安瓿瓶、纯化水、注射用水、棉花、板蓝根药材、95% 乙醇、浓氨水、加吐温 –80、苯甲醇、pH 试纸。

【制备工艺】

（1）浸出　取板蓝根，加 6~7 倍的水浸泡半小时，煎煮两次，每次半小时，过滤，合并滤液，直火浓缩至 600~700ml，改用水浴浓缩至 300~350ml。

（2）精制　①醇处理：取上浓缩液，搅拌加醇，使含醇量达 60%，冷藏 24 小时以上，其冷藏液过滤，滤渣用 60% 醇洗 1~2 次，滤液加热除醇至无醇味。②氨处理：取上滤液，搅拌加氨使 pH 为 8.5~9，冷藏 24 小时后，滤过，水浴加热除氨至无氨臭，pH 为 5.5~6，其药液用鲜注射用水稀释至 1000ml，冷藏 24 小时，滤过，滤液加吐温–80、苯甲醇，加注射用水至 1000ml，用 3 号垂熔漏斗过滤，即得澄明注射液。

（3）空安瓿的处理、灌封、灭菌、质检、印字和包装过程同于盐酸普鲁卡因注射液的制备。

【制剂质量检查与评价】

（1）黄褐色透明、澄清溶液，无杂质沉淀。

（2）安瓿封口圆滑、无尖头、鼓泡、凹陷现象。

【作用与用途】

清热解毒，凉血利咽，消肿。用于扁桃腺炎、腮腺炎、咽喉肿痛、防治传染性肝炎、小儿麻疹等。

【分析与讨论】

（1）板兰根中含有水分10%，故投料时多投10%。

（2）板兰根含有糖类，淀粉等，浓缩时应经常搅拌，以防焦化。

（3）加醇处理，主要除去蛋白质、树胶、植物黏液、无机盐等杂质。

（4）板兰根的抗菌成分不耐热，煎煮或灭菌一般不超过100℃ 1小时。

（5）pH 8时失去全部活性，但中和后仍可恢复，除氨便是使pH降到7以下，以恢复其抗菌活力。

【思考题】

（1）中药注射剂与化学药品注射剂制备工艺中有哪些主要区别？
（2）分析影响注射剂澄明度的因素有哪些？

四、制剂技能考核评价标准

测试项目	技能要求	分值
实训准备	穿着工作服，卫生习惯良好，操作安静、讲礼貌 熟悉实验内容、相关知识，正确选择所需的材料及设备，正确洗涤	5
实训记录	正确、及时记录实验的现象、数据	10
实训操作	按照实际操作计算处方中的药物用量，正确称量药物 按照实验步骤正确进行实验操作及仪器使用，按时完成	10
	盐酸普鲁卡因注射液的制备： （1）安瓿清洗、灭菌正确 （2）配液方法正确 （3）滤过装置的准备、安装，滤液澄明度合格 （4）灌封装量准确，熔封后的安瓿顶部圆滑、无尖头、鼓泡、凹陷现象 （5）灭菌、捡漏操作正确	50
	板蓝根注射液的制备： （1）安瓿清洗、灭菌正确 （2）板蓝根浸出、过滤、除杂精制方法正确，配液定容准确 （3）滤过装置的准备、安装，滤液澄明度合格 （4）灌封装量准确，熔封后的安瓿顶部圆滑、无尖头、鼓泡、凹陷现象 （5）灭菌、捡漏操作正确	

测试项目	技能要求	分值
成品质量	盐酸普鲁卡因注射液：无色透明、澄清溶液，pH 5.0～6.0，成品装量准确，封口圆滑，颜色、澄明度、含量测定合格	10
	板蓝根注射液：黄褐色透明、澄清溶液，成品装量准确，封口圆滑，颜色、澄明度、含量测定合格	
实训清场	按要求清洁仪器设备、实验台，摆放好所用药品	5
实训报告	实验报告工整，项目齐全，结论准确，并能针对结果进行分析讨论	10
合计		100

（江尚飞、蒋　猛）

实训 十二 输液剂的制备

一、实训目的

1. 掌握输液剂的质量要求和手工生产的工艺过程及操作要点。
2. 练习对输液瓶、橡胶塞的预处理。
3. 熟悉无菌操作室的洁净处理、空气灭菌和无菌操作的要求及操作方法。
4. 熟悉微孔滤膜的选择，预处理和使用方法。

二、实训指导

1. 配液

（1）配制方法：分为浓配法和稀配法两种。将全部药物加入部分溶剂中配成浓溶液，加热或冷藏后过滤，然后稀释至所需浓度，此谓浓配法，此法可滤除溶解度小的杂质。将全部药物加入所需溶剂中，一次配成所需浓度，再行过滤，此谓稀配法，可用于优质原料。

（2）注意事项：①配制注射液时应在洁净的环境中进行，一般不要求无菌，但所用器具及原料附加剂尽可能无菌，以减少污染；②配制剧毒药品注射液时，严格称量与校核，并谨防交叉污染；③对不稳定的药物更应注意调配顺序（先加稳定剂或通惰性气体等），有时要控制温度与避光操作；④对于不易滤清的药液可加0.1%～0.3%活性炭处理，使用活性炭时还应注意其对药物（如生物碱盐等）的吸附作用，要通过加炭前后药物含量的变化，确定能否使用。活性炭在酸性溶液中吸附作用较强。

2. 输液容器及包装材料的处理

（1）选好合格输液瓶，洗去灰尘，淌好清洁液放置24小时，常水洗至中性，如不透明用毛刷刷洗，最后用滤过的注射用水冲洗三次，烘干。

（2）丁基胶塞、纯化水，滤过的注射用水冲洗至合格。

3. 生产材料、仪器

见图12-1。

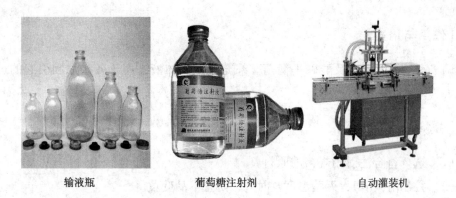

输液瓶　　　　　　　葡萄糖注射剂　　　　　　自动灌装机

图 12 - 1　部分生产材料和仪器

三、实训内容

（一）葡萄糖注射液

【制剂处方】

葡萄糖	50g
注射用水	适量
共制	1000ml

【仪器与材料】

仪器：烧杯、量杯、玻璃棒、药勺、滴管、天平、酒精灯、漏斗、布氏漏斗、蒸汽灭菌器。

材料：输液瓶、丁基橡胶塞、纯化水、注射用水、滤纸、葡萄糖、1%盐酸、注射用活性炭、pH 试纸。

【制备工艺】

取注射用水适量，加热煮沸，分次加入葡萄糖，不断搅拌配成 50% ~70% 浓溶液，用1%盐酸溶液调整 pH 至 3.8 ~4.0，加入配液量 0.1% ~1.0% 的注射用活性炭，在搅拌下煮沸 30 分钟，放冷至 45℃ ~50℃ 时滤除活性炭，滤液中加注射用水至全量，测定 pH 及含量，精滤至澄明，灌封，于 110℃ 热压灭菌 30 分钟。

【制剂质量检查与评价】

（1）无色透明、澄清溶液，pH 3.5 ~5.5，含量 5%。

（2）无菌、热原检查符合要求。

（3）无崩盖、歪盖、松盖、漏气等质量问题。

【作用与用途】

调节水盐、电解质及酸碱平衡药。补充热能和体液,用于各种原因引起的进食不足或大量体液丢失。

【分析与讨论】

(1) 选择符合注射用规格的原料。

(2) 控制溶液 pH,灭菌温度及时间,防止本品变黄。

【思考题】

(1) 本品用盐酸调 pH 的作用是什么?

(2) 为了防止葡萄糖注射液变黄,在整个操作过程中,应控制哪些工艺条件?

(二) 生理盐水注射液

【制剂处方】

氯化钠	9g
注射用水	适量
共制	1000ml

【仪器与材料】

仪器:烧杯、量杯、玻璃棒、药勺、滴管、天平、酒精灯、漏斗、布氏漏斗、蒸汽灭菌器。

材料:输液瓶、丁基橡胶塞、纯化水、注射用水、滤纸、氯化钠、1%盐酸、1%氢氧化钠、注射用活性炭、pH 试纸。

【制备工艺】

取氯化钠加适量注射用水,配成20% ~30% 浓溶液,加0.1% ~0.5% 注射用活性炭,煮沸20~30分钟,滤除活性炭,加注射用水至1000ml,测定 pH,必要时用1%氢氧化钠溶液或稀盐酸溶液调整 pH 至5.4 ~5.6,再测含量合格后精滤至澄量,灌封,于115.5℃热压灭菌30分钟。

【制剂质量检查与评价】

(1) 无色透明、澄清溶液,pH 5.4 ~5.6,含量0.9%。

(2) 无菌、热原检查符合要求。

(3) 无崩盖、歪盖、松盖、漏气等质量问题。

【作用与用途】

调节水盐、电解质及酸碱平衡药。各种原因所致的失水，包括低渗性、等渗性和高渗性失水；高渗性非酮症糖尿病昏迷，应用等渗或低渗氯化钠可纠正失水和高渗状态；低氯性代谢性碱中毒；外用生理盐水冲洗眼部、洗涤伤口等；还用于产科的水囊引产。

【分析与讨论】

本品对玻璃有腐蚀作用，如果玻璃质量差或贮藏时间过久，溶液中会出现硅质小薄片或其他沉淀物。可在洗瓶时，先用稀盐酸处理。

【思考题】

试说明生理盐水的浓度为什么是 0.9%。

四、制剂技能考核评价标准

测试项目	技能要求	分值
实训准备	穿着工作服，卫生习惯良好，操作安静、讲礼貌 熟悉实验内容、相关知识，正确选择所需的材料及设备，正确洗涤	5
实训记录	正确、及时记录实验的现象、数据	10
实训操作	按照实际操作计算处方中的药物用量，正确称量药物 按照实验步骤正确进行实验操作及仪器使用，按时完成	10
	葡萄糖注射液： (1) 输液瓶、橡胶塞灭菌操作正确 (2) 正确配制药液，pH 调节准确 (3) 药用活性炭用量准确，过滤装置安装、操作正确，药液澄明度符合要求 (4) 定容准确，灭菌正确 生理盐水注射液： (1) 输液瓶、橡胶塞灭菌操作正确 (2) 正确配制药液，药用活性炭用量准确，过滤装置安装、操作正确 (3) pH 调节准确，精滤装置安装、操作正确，药液澄明度符合要求 (4) 定容准确，灭菌正确	50
成品质量	葡萄糖注射液：无色透明、澄清溶液，pH3.5～5.5，含量5% 生理盐水注射液：无色透明、澄清溶液，pH5.4～5.6，含量0.9%	10
实训清场	按要求清洁仪器设备、实验台，摆放好所用药品	5
实训报告	实验报告工整，项目齐全，结论准确，并能针对结果进行分析讨论	10
合计		100

（江尚飞、蒋 猛）

实训 十三 滴眼剂的制备

一、实训目的

1. 熟悉净化工作台的使用。
2. 掌握一般滴眼剂的制备方法。

二、实训指导

滴眼剂系指一种或多种药物制成供滴眼用的水性、油性澄明溶液、混悬液或乳剂，也包括眼内注射溶液。滴眼剂一般应在无菌环境下配制，眼部有无外伤是滴眼剂无菌要求严格程度的界限：用于外科手术、供角膜穿通伤用的滴眼剂及眼内注射溶液要求无菌，且不得加抑菌剂与抗氧剂，需采用单剂量包装；一般滴眼剂要求无致病菌，尤其不得有铜绿假单胞菌和金黄色葡萄球菌，可加入抑菌剂。

三、实验内容（氯霉素滴眼剂）

【制剂处方】

氯霉素	0.25g
硼酸	1.9g
硼砂	0.038g
硫柳汞	0.004g
灭菌注射用水	9.0g
共制	100ml

【仪器与材料】

仪器：烧杯、量杯、玻璃棒、药勺、滴管、天平、酒精灯、漏斗、布氏漏斗
材料：空塑料眼药瓶、塞、盖、纯化水、注射用水、滤纸、氯霉素、硼酸、硼砂、柳硫汞、1%盐酸。

【制备工艺】

（1）容器处理：塑料眼药水瓶，应用灭菌注射用水甩洗三次，再用气体灭菌，然

后通风数天备用。

玻璃及玻璃容器等，先用肥皂粉洗刷干净，沥干水分，然后用清洁液浸泡，水洗。再用纯化水淋洗，最后160℃灭菌1小时，避菌储存。

（2）配制：取灭菌注射用水约90ml，加热至沸，加入硼酸，硼砂使溶待冷至约40℃，加入氯霉素，硫柳汞搅拌使溶，加灭菌注射用水至100ml，精滤，检查澄明度合格后，无菌分装。

【制剂质量检查与评价】

无色透明、澄清溶液，无杂质沉淀。

【作用与用途】

可用于沙眼、结膜炎、角膜炎等。

【分析与讨论】

（1）氯霉素易水解，但其水溶液在弱酸性时较稳定，本品选用硼酸缓冲液来调整pH。

（2）氯霉素滴眼剂在贮藏过程中，效价常逐渐降低，故配液时适当提高投料量，使在有效贮藏期间，效价能保持在规定含量以内。

【思考题】

（1）处方中的硼砂和硼酸起什么作用？试计算此处方是否与泪液等渗？

（2）滴眼剂中选用抑菌时应考虑哪些原则？本处方中的硫柳汞可改用何种抑菌剂？使用何浓度？

四、制剂技能考核评价标准

测试项目	技能要求	分值
实训准备	穿着工作服，卫生习惯良好，操作安静、讲礼貌 熟悉实验内容、相关知识，正确选择所需的材料及设备，正确洗涤	5
实训记录	正确、及时记录实验的现象、数据	10
实训操作	按照实际操作计算处方中的药物用量，正确称量药物 按照实验步骤正确进行实验操作及仪器使用，按时完成	10
	（1）正确对容器瓶体、瓶塞、瓶盖进行清洗、灭菌 （2）正确配制药液，定容准确）	50
成品质量	澄清透明，无沉淀杂质，pH符合要求	10
实训清场	按要求清洁仪器设备、实验台，摆放好所用药品	5

测试项目	技能要求	分值
实训报告	实验报告工整，项目齐全，结论准确，并能针对结果进行分析讨论	10
合计		100

（江尚飞、曾　俊）

实训 十四 软膏剂的制备

一、实训目的

1. 掌握各种不同类型、不同基质软膏剂的制法、操作要点及操作注意事项。
2. 掌握软膏剂中药物的加入方法。

二、实训指导

软膏剂主要由药物和基质组成，基质是软膏剂形成和发挥药效的重要载体。软膏剂的制备按照制备量、设备条件、基质种类不同，采用的方法也不同。一般主要有研磨法、熔融法与乳化法三种方法，溶液型或混悬型软膏剂常采用研磨法和熔融法制备。研磨法适用于小量制备，熔融法常用于大批量制备软膏剂，乳化法是乳膏剂制备的专用方法。制备软膏剂的基本要求是使药物在基质中分布均匀、细腻，以保证药物剂量与药效。

1. 软膏剂制备流程

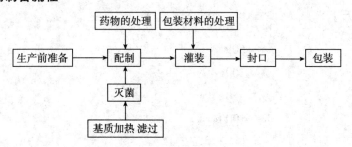

2. 操作要点

（1）选用的基质应纯净，否则应加热熔化后滤过，除去杂质，或加热灭菌后备用。

（2）混合基质熔化时应将熔点高的先熔化，然后加入熔点低的熔化。

（3）基质中可根据含药量的多少及季节的不同，酌加蜂蜡、石蜡、液状石蜡或植物油以调节软膏硬度。

（4）不溶性药物应先研细过筛、再按等量递加法与基质混合。药物加入熔化基质后，应不停搅拌至冷凝，否则药物分散不匀。但已凝固后应停止搅拌，否则空气进入膏体使软膏不能久贮。

（5）挥发性或受热易破坏的药物，需待基质冷却至40℃以下时加入。

（6）含水杨酸、苯甲酸、鞣酸及汞盐等药物的软膏，配置时应避免与铜、铁等金属器具接触，以免变色。

（7）水相与油相两者混合的温度一般应控制在80℃以下，且二者温度应基本相等，以免影响乳膏的细腻性。

（8）乳化法中两相混合的搅拌速度不宜过慢或过快，以免乳化不完全或因混入大量空气使成品失去细腻和光泽并易变质。

3. 生产材料、仪器

见图 14 – 1。

软膏剂　　　　　　　　软膏剂铝管　　　　　　　软膏生产设备

图 14 – 1　部分生产材料和仪器

三、实训内容

（一）凡士林软膏

【制剂处方】

羊毛脂	50g
石蜡	100g
凡士林	850g
共制	1000g

【仪器与材料】

仪器：烧杯、量杯、药勺、药刀、滴管、天平、蒸发皿、玻璃棒、酒精灯。

材料：纯化水、凡士林、石蜡、羊毛脂。

【制备工艺】

取石蜡在水浴上加热熔化后，逐渐加入羊毛脂与凡士林，继续加热，使完全熔和，不断搅拌至冷，即得。

【制剂质量检查与评价】

黄色均匀黏稠半固体，均匀细腻，无沉淀、无颗粒。

【作用与用途】

冬季皮肤干燥引起的手脚部位的皮肤开裂、痛痒及角化型手脚破裂有很好的防护效果。具有止痒润肤，保湿，防冻裂的功能，特别适用于冬季寒冷干燥气候使用。

【分析与讨论】

若不加强搅拌，羊毛脂会出现沉淀。

【思考题】

软膏剂质量如何检查？你在实验中是否达到一般规定？

（二）霜剂基质Ⅰ号

【制剂处方】

硬脂酸	500g
蓖麻油	500g
液体石蜡	500g
三乙醇胺	40g（=36ml）
甘油	200g（=160ml）
对羟基苯甲酸乙酯	4g
纯化水	2260g
共制	4000g

【仪器与材料】

仪器：烧杯、量杯、药勺、药刀、滴管、天平、蒸发皿、玻璃棒、酒精灯。

材料：纯化水、硬脂酸、蓖麻油、液体石蜡、三乙醇胺、甘油、对羟基苯甲酸乙酯。

【制备工艺】

取三乙醇胺、甘油、纯化水于烧杯中，水浴加热至65℃左右，取硬脂酸、蓖麻油、液体石蜡于蒸发皿中水浴加热熔化，温度至45℃~65℃；将水相加入油相中，边加边搅至皂化完全，趁热加入尼泊金搅拌至冷凝。

【制剂质量检查与评价】

雪白色均匀黏稠半固体，均匀细腻、无颗粒，涂布性好。

【作用与用途】

作为制备乳剂型软膏剂的基质。

【分析与讨论】

两相混合时，温度要相近，否则成品中出现粗细不匀的颗粒。

【思考题】

分析处方组成，说明每种组分的作用。

（三）氯化氨基汞眼膏

【制剂处方】

氯化氨基汞	0.1g
液体石蜡	适量
眼膏基质	10g

【仪器与材料】

仪器：研钵、药刀、滴管、天平。
材料：眼膏基质、氯化氨基汞、液体石蜡。

【制备工艺】

取氯化氨基汞研细，置灭菌乳钵中，先加适量灭菌液状石蜡研成细腻糊状，加入灭菌眼膏基质少量，用力研匀，再递加剩余的基质至全量，研匀，即得。

【制剂质量检查与评价】

乳白色黏稠半固体，均匀细腻、无颗粒。

【作用与用途】

用于疱性结膜炎、角膜炎，睑缘炎、角膜翳。

【分析与讨论】

（1）白降汞不溶于水，故应用灭菌液状石蜡分散，以减少对眼部的刺激性。

（2）制备时，勿与金属接触，以免析出游离汞。

（3）为了避免形成有腐蚀作用的碘化汞或溴化汞，故不应同时内服碘剂或溴剂，亦不可与乙基吗啡同用，因后者刺激性大。

【思考题】

(1) 眼膏基质中加羊毛脂有何作用?

(2) 制备眼膏操作与一般外用软膏有何不同?

四、制剂技能考核评价标准

测试项目	技能要求	分值
实训准备	穿着工作服,卫生习惯良好,操作安静、讲礼貌 熟悉实验内容、相关知识,正确选择所需的材料及设备,正确洗涤	5
实训记录	正确、及时记录实验的现象、数据	10
实训操作	按照实际操作计算处方中的药物用量,正确称量药物 按照实验步骤正确进行实验操作及仪器使用,按时完成	10
	凡士林软膏:(30分钟) (1) 石蜡水浴加热熔融后,逐渐加入羊毛脂与凡士林 (2) 边加边沿同一方向迅速搅拌,直至完全熔和 (3) 一直搅拌至冷 霜剂基质I号:(30分钟) (1) 水相、油相药物分别水浴加热熔融,正确控制温度 (2) 将水相加入油相中 (3) 边加边沿同一方向迅速搅拌,直至皂化 (4) 趁热加入尼泊金继续搅拌至冷 氯化氨基汞眼膏:(15分钟) (1) 氯化氨基汞研细,加入稀甘油研成细腻糊状 (2) 分次加入眼膏基质,用力研匀	50
成品质量	凡士林软膏:黄色均匀黏稠半固体,均匀细腻,无沉淀、无颗粒 霜剂基质I号:雪白色均匀黏稠半固体,均匀细腻、无颗粒,涂布性好 氯化氨基汞眼膏:乳白色黏稠半固体,均匀细腻、无颗粒	10
实训清场	按要求清洁仪器设备、实验台,摆放好所用药品	5
实训报告	实验报告工整,项目齐全,结论准确,并能针对结果进行分析讨论	10
合计		100

(江尚飞、曾 俊)

实 训 十五 栓剂的制备

一、实训目的

1. 了解常用基质的类型、特点、适用情况。
2. 掌握模制成形法（热熔法）制备栓剂的方法。
3. 掌握置换价的计算方法。

二、实训指导

栓剂系指药物与适宜基质制成供腔道给药的制剂。通常用于肛管塞入作全身治疗或局部治疗用，少数用于阴道、尿道。常用栓剂基质分为脂肪性（可可豆脂、半合成脂肪酸酯等）和水溶性（甘油明胶、聚乙二醇等）两大类。栓剂基质不仅可使药物成型，且可影响药物的局部或全身的效果。

栓剂中药物与基质应混合均匀，栓剂外形要完整光滑；塞入腔道后应无刺激性，应能融化、软化或溶化，并与分泌液混合，逐渐释放出药物，产生局部作用；并应有适宜的硬度，以免在包装或贮藏时变形。药物与基质的混合可按下法进行：①油溶性药物，可直接溶于脂肪性基质中，但如加入量过大时能降低基质的熔点或使基质过软，此时可加适量石蜡或蜂蜡调节；②不溶于油脂而溶于水的药物，可加少量水配成浓溶液，用适量羊毛脂吸收后再与基质混匀；③含浸膏剂，需先用少量水或稀乙醇软化成半固体，再与基质混合；④不溶于油脂、水或甘油的药物，须先制成细粉，再与基质均匀混合。

通常情况下栓剂模型的容积是固定的，由于药物和基质密度的不同可容纳的质量也不同。通过置换价的计算可以确定栓剂基质的量。一般用同体积药物和可可豆脂的重量比表示置换价。如鞣酸的置换价为 1.6，即表示 1.6g 鞣酸和 1g 可可豆脂所占的容积相等。

1. 栓剂制备一般流程

（1）挤压成型法（冷压法）　主要适用于油脂性基质栓剂。将基质磨碎或锉末，再与主药混匀，装入压栓机中，在配有栓剂模型的圆筒内，通过水压机或手动螺旋活塞挤压成型。

（2）模型成型法（热融法）　此法应用最广泛。先将基质水浴熔化，温度不宜过高，时间不宜过长（熔融 2/3）时即可停止加热，加入药物混匀（溶解，乳化或混悬），最后将所得混合物趁热一次倾入涂有润滑剂的模型中，稍微溢出模口，冷却，待完全凝固后，用刀削去溢出部分，开启模型，将栓剂推出，包装即是。如栓剂上有多余的润滑剂，可用滤纸吸去。

（3）自动模制成形法　自动化模制机能将栓剂制备全过程由机器完成，包括倾注冷却，脱模清模等全过程。最常见的有自动旋转式制栓机。近年来还有用铝箔或聚乙烯氟乙烯等塑料作为包装材料，由热压或吸塑模制成栓剂模孔，将软材直接灌注于其中封口，冷凝即得，即将栓剂成型或包装连在一起的"一条式"制栓机器。

2. 注意事项

（1）栓剂中药物与基质应混合均匀，栓剂外形要完整光滑。

（2）注模时温度要适宜，温度过高，在冷却过程中不溶性成分易沉降，注模时要一次注入避免分层，并适当溢出模口，避免因热胀冷缩导致表面凹陷。

（3）栓剂模孔内所涂润滑剂有两类：①脂肪性基质常用软肥皂：甘油：90% 乙醇为 1:1:5 的醇溶液；②水溶性或亲水性基质则用油类润滑剂，如液体石蜡、植物油等。

（4）栓剂制成后，分别用药品包装纸包裹，置于玻璃瓶或纸盒内，在 25℃ 以下贮藏。

3. 生产设备

栓模。

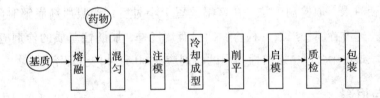

三、实训内容

（一）甘油栓

【制剂处方】

甘油	8g
干燥碳酸钠	0.2g
硬脂酸	0.8g
纯化水	1g

【仪器与材料】

仪器：肛门栓模、蒸发皿、水浴、电炉、分析天平、崩解度测定仪等。

材料：甘油、干燥碳酸钠、硬脂酸、纯化水等。

【制备工艺】

取干燥碳酸钠与纯化水置蒸发皿内，加甘油混合后，置水浴上加热，缓缓加入硬脂酸细粉，边加边搅拌，待泡沸停止、溶液澄明，将此溶液注入涂过润滑剂（液体石蜡）的栓模中，共注 3 枚，放冷、整理，启模、取出即得。

【制剂质量检查与评价】

（1）重量差异　栓剂重量差异的限度应符合规定：取栓剂 10 粒，精密称定总量，求得平均粒重后，再分别精密称定每粒的重量。每粒重量与平均粒重比较，超出重量差异的限度不得多于 1 粒，并不得超出限度的一倍（表 15 – 1）。

表 15 – 1　栓剂重量差异限度

平均粒重	重量差异限度
1.0g 及 1.0g 以下	±10%
1.0g 以上至 3.0g	±7.5%
3.0g 以上	±5%

（2）融变时限　取栓剂 3 粒，在室温放置 1 小时后，参照片剂崩解时限项下规定的装置和方法（可各加一挡板）检查，出另有规定外，脂肪性基质的栓剂应在 30 分钟内全部融化，或软化变形，水溶性基质的栓剂应在 60 分钟内全部溶解。

【作用与用途】

肛门栓剂。用于年老体弱者便秘的治疗。

【分析与讨论】

（1）制备甘油栓时，水浴要保持沸腾，且蒸发皿底部要接触水面，使硬脂酸细粉（少量分次加入）与碳酸钠充分反应，直至泡沸停止、溶液澄明、皂化反应完全，才能停止加热。化学反应式如下：

$$2C_{17}H_{35}COOH + Na_2CO_3 \rightarrow 2C_{17}H_{35}COONa + CO_2 \uparrow + H_2O$$

产生的二氧化碳须除尽，否则所得的栓剂内含有气泡，影响美观。也有处方用硬脂酸钠直接和甘油加热混合制备，避免了皂化反应过程，提高了栓剂的质量。

（2）欲求外观透明，皂化必须完全（水浴上需 1~2 小时）加酸搅拌不宜太快，以免搅入气泡。

（3）碱量比理论量超过 10%~15%，皂化快，成品软而透明。

（4）水分含量不宜过多，否则成品浑浊，也有主张不加水的。

（5）栓模预热至80℃左右，冷却较慢，成品硬度更适宜。

（6）甘油栓中含有大量甘油（约90%~95%），与皂化产生钠肥皂，两者均具有轻泻作用。

【思考题】

（1）甘油栓的制备原理及操作时的注意事项是什么？

（2）甘油栓的作用机理是什么？

（二）鞣酸栓

【制剂处方】

	每枚用量（g）	4枚用量（g）
鞣酸	0.2g	0.8g
可可豆脂	适量	适量

【仪器与材料】

仪器：肛门栓模、蒸发皿、水浴、冰浴、电炉、分析天平、崩解度测定仪等。

材料：可可豆脂、鞣酸等。

【制备工艺】

（1）测空白栓重量（栓模大小）　取可可豆脂约4g置蒸发皿内，移置水浴上加热，至可可豆脂约2/3熔融时，立即取下蒸发皿，搅拌使全部熔融，注入涂过润滑剂（肥皂醑）的栓模中，共注3枚，凝固后整理启模，取出栓剂，称重，其平均值即为该空白栓重量（或栓模大小）。

（2）根据药物的置换价，计算可可豆脂的用量　已知鞣酸的置换价为1.6，测得空白栓重量为x，欲制备3枚栓剂，实际投料需按4枚用量计算：

$$可可豆脂用量（g）=4x-\frac{0.2\times4}{1.6}$$

（3）按（1）所述方法，将计算量的可可豆脂置蒸发皿内，于水浴上加热至近熔化时取下，加入鞣酸细粉，搅拌均匀，近凝时注入已涂过润滑剂的栓模中，用冰浴迅速冷却凝固，整理、启模、取出即得。

【制剂质量检查与评价】

同上。

【作用与用途】

肛门栓剂。局部收敛止血,治疗痔疮。

【分析与讨论】

为保证栓剂含量准确,在制备脂肪性基质栓剂时应考虑药物的置换价。已知置换价,可按下式计算每枚栓剂所需基质得力论用量:

$$M = E - \frac{D}{f}$$

式中:M 为所需基质量;E 为空白栓剂的质量;D 为每枚栓剂的药量;f 为置换价。

【思考题】

结合实验说明计算置换价有何意义?

(三) 醋酸洗必泰栓

【制剂处方】

醋酸洗必泰	0.1g
聚山梨酯 80	0.4g
冰片	0.02g
乙醇	1ml
甘油	18.0g
明胶(细粒)	5.4g
纯化水	加至 40.0g
制成阴道栓	4 枚

【仪器与材料】

仪器:阴道栓模、蒸发皿、水浴、冰浴、电炉、分析天平、崩解度测定仪等。

材料:甘油、明胶、醋酸洗必泰、聚山梨酯80、冰片、乙醇、纯化水等。

【制备工艺】

取处方量的明胶,置于称重的蒸发皿中,加纯化水 40ml,浸泡约 30 分钟,使之膨胀变软,再加甘油在水浴上加热使明胶溶解,继续加热使重量达 36 ~ 40g 为止。

另取洗必泰加入聚山梨酯80,并混匀,将冰片溶于乙醇中,在搅拌下与药液混合后再加入制好的甘油明胶中,搅拌均匀趁热灌入已涂好润滑剂的阴道栓模中(共 4 枚),冷却削平,启模,取出包装即得。

【制剂质量检查与评价】

同上。

【作用与用途】

阴道栓剂，治疗宫颈糜烂及阴道炎。

【分析与讨论】

（1）醋酸必泰与聚山梨酯 – 80 混匀，否则影响成品含量。

（2）将冰片溶于乙醇。

（3）成品应为淡黄色透明阴道栓剂。

（4）每枚含醋酸洗必泰 20mg。

（5）处方中聚山梨酯 – 80 为表面活性剂，可以使醋酸洗必泰均匀散于甘油明胶基质中。

（6）甘油明胶基质，具有弹性，且在体温时不熔融，而是缓缓溶于体液中释放出药物，故作用缓和持久。甘油明胶由甘油、明胶和水三者按一定比例组成，明胶需先用水浸泡溶胀变软，在加热才易溶解。甘油明胶多用于阴道栓的基质，具有弹性，体温时不熔融，但能缓缓溶于体液中，释出药物。其溶解速度与明胶、甘油和水三者的比例有关，甘油和水的含量高则易溶解。

【思考题】

甘油明胶作为栓剂基质的特点是什么？

（四）替硝唑泡腾栓

【制剂处方】

每枚用量替硝唑	0.25g
聚乙二醇 400	1.15g
聚乙二醇 6000	0.50g
碳酸氢钠	0.28g
柠檬酸	0.26g

【仪器与材料】

仪器：阴道栓模、蒸发皿、水浴、冰浴、电炉、分析天平、崩解度测定仪等。

材料：替硝唑、聚乙二醇 400、聚乙二醇 6000、碳酸氢钠、柠檬酸等。

【制备工艺】

将柠檬酸、碳酸氢钠干燥，研细过筛备用。取聚乙二醇 400 和聚乙二醇 6000 混合，于水浴上加热熔融。在搅拌下加入替硝唑、碳酸氢钠及柠檬酸，混合均匀乘热倾入模具中，冷却，脱模即得。

【制剂质量检查与评价】

同上。

【作用与用途】

本品为阴道泡腾栓，用于滴虫性阴道炎及细菌性阴道病。

【分析与讨论】

将替硝唑制成阴道泡腾栓，使用后可产生大量泡沫，能增加药物与腔道黏膜的接触，使其渗入到黏膜褶深部，充分发挥疗效。处方中柠檬酸的用量超过理论用量，可使成酸性，有利于杀灭或抑制滴虫与厌氧菌。

四、制剂技能考核评价标准

测试项目	技能要求	分值
实训准备	着装整洁，卫生习惯好。实验内容、相关知识，正确选择所需的材料及设备，正确洗涤	5
实训记录	正确、及时记录实验的现象、数据	10
实训操作	按照实际操作计算处方中的药物用量、基质用量，正确称量药物 按照实验步骤正确进行实验操作及仪器使用。按时完成	10
	栓剂的制备 （1）熔融基质操作正确、温度控制合理 （2）药物与基质混合均匀 （3）栓模清洁、涂润滑剂 （4）注模方式正确、温度控制合理 （5）冷却、削平、启模、包装操作正确	40
	栓剂质量考察 （1）重量差异检查操作正确 （2）融变时限检查操作正确	10
成品质量	本品为甘油栓/鞣酸栓/醋酸洗必泰栓/替硝唑泡腾栓，药物与基质应混合均匀，栓剂外形要完整光滑；并应有适宜的硬度，以免在包装或贮藏时变形。重量差异、融变时限符合药典要求	10
清场	按要求清洁仪器设备、实验台，摆放好所用药品	5
实训报告	实验报告工整，项目齐全，结论准确，并能针对结果进行分析讨论	10
合计		100

（何　静、彭　涛）

实训 十六 散剂与胶囊剂的制备

一、实训目的

1. 通过本次实训，使学生熟悉固体药物的粉碎、过筛、混合操作及注意事项，熟悉散剂的分剂量方法、质量检查及包装方法。

2. 熟练掌握散剂的制备工艺流程；学会用等量递加法混合药物的操作；了解共熔现象。

3. 掌握手工制备硬胶囊剂的操作方法及要点。

4. 熟悉硬胶囊剂的质量检查方法。

二、实训指导

散剂系指药物或与适宜辅料经粉碎、均匀混合而制成的干燥粉末状制剂，供内服或局部用。内服散剂一般溶于或分散于水或其他液体中服用，亦可直接用水送服。局部用散剂可供皮肤、口腔、咽喉、腔道等处应用；专供治疗、预防和润滑皮肤为目的的散剂亦可称撒布剂或撒粉。

1. 散剂制备的操作要点

（1）称取：正确选择天平，掌握各种结聚状态药品的称重方法。

（2）粉碎：是制备散剂和有关剂型的基本操作。要求学生根据药物的理化性质，使用要求，合理地选用粉碎方法及工具。

（3）过筛：掌握基本方法，明确过筛操作应注意的问题。

（4）混合：混合均匀度是散剂质量的重要指标，特别是含少量医疗用毒性药品及贵重药品的散剂。为保证混合均匀，应采用等量递加法（配研法）。对含有少量挥发油及共熔成分的散剂，可用处方中其他成分吸收，再与其他固体成分混合。

（5）包装：学会分剂量散剂包五角包、四角包、长方包等包装方法。

（6）质量检查：根据药典规定进行。

硬胶囊剂是将一定量的药物加辅料制成均匀的粉末或颗粒，充填于空心胶囊中制成的剂型。胶囊剂是使用广泛的口服剂型之一，具有以下特点：可掩盖药物的不良臭味，崩解快，吸收好，剂量准确，稳定性好，质量容易控制等。随着制药设备的不断发展，全自动胶囊填充机的广泛使用，大大提高了硬胶囊剂的生产效率和质量，同时也降低了生产成本。硬胶囊剂的制备一般分为填充物料的制备，胶囊填充，胶囊抛光，分装和包装等过程。其中胶囊填充是关键步骤。

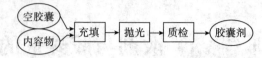

2. 空胶囊的规格与选择

空胶囊有八种规格，其编号、重量、容积见下表 16 - 1。由于药物填充多用容积控制，而各种药物的密度、晶型、细度以及剂量不同，所占的体积也不同，故必须选用适宜大小的空胶囊。一般凭经验或试装来决定。

表 16 - 1　空心胶囊的编号、重量和容积

编号	000	00	0	1	2	3	4	5
重量（mg）	162	142	92	73	53.3	50	40	23.3
容积（ml）	1.37	0.95	0.68	0.50	0.37	0.30	0.21	0.13

3. 手工填充药物

（1）把排列盘放在冒板上，放入适量胶囊帽并晃动。使胶囊帽口部向上落入胶囊板的胶囊孔中。

（2）倒出多余胶囊帽、取下排列盘。

（3）再把排列盘放在体板上，放入适量胶囊体并晃动使胶囊体口部向上落入胶囊板的胶囊孔中。

（4）倒出多余胶囊体、拿掉排列盘。

（5）在体板上倒上适量药粉并用刮粉板来回刮动数次使药粉均匀进入胶囊、直到胶囊完全压紧、填满。再刮净多余药粉。

（6）把中间板孔径大的一面盖在帽板上、使胶囊帽的口部进入中间板的套合孔中。

（7）将重叠的帽板和中间板翻转盖在已装好药粉的体板上并对齐。

（8）双手轻轻地摇晃着下压使胶囊呈预锁合状态，再把整套板翻转使帽板向下并用力下压使胶囊锁合。

（9）然后整套板翻转，拿掉帽板，取出中间板，这时填充好的胶囊都在中间板上。翻转中间板胶囊落入容器中，即完成一次胶囊填充。

4. 胶囊剂的封口

空胶囊的体、帽两节的套合方式有平口与锁口两种。生产中一般使用平口套合，此种套合不如锁口套合密封性好，故须封口。封口材料常用与制备空胶囊相同浓度的明胶液，如明胶 20%、水 40%、乙醇 40% 的混合液；也可用平均分子量 40000 的PVP2.5%，聚乙烯聚丙二醇共聚物 0.1%、乙醇 97.4% 的混合液；或苯乙烯马来酸共聚物 2.5%、乙醇 97.5% 的混合液。

5. 生产设备

见图 16 – 1。

图 16 – 1　部分生产设备

三、实训内容

1. 痱子粉的制备

【制剂处方】

薄荷脑	6g
樟脑	6g
麝香草酚	6g
薄荷油	6ml
水杨酸	11g
硼酸	85g
升华硫	40g
氧化锌	60g
淀粉	100g
滑石粉	680g
共制	1000g

【仪器与材料】

天平、药勺、玻璃乳钵、陶瓷乳钵、120 目药筛。

【制备工艺】

取薄荷脑、樟脑、麝香草酚研磨至全部液化，并与薄荷油混匀；另将升华硫、水杨酸、硼酸、氧化锌、淀粉、滑石粉研细，过七号筛（120 目）；将共熔混合物与混合细粉按等量递加法研磨混匀，过七号筛，即得。

（1）粉料的粉碎混合

（2）共熔

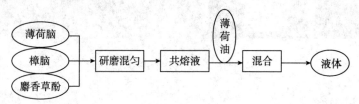

（3）液体与粉料混合

【制剂质量检查与评价】

（1）取成品适量，置光滑纸上，平铺约 5 cm²，将其表面压平，在亮处观察，外观颜色均匀一致，无花纹与色斑。

（2）粉末干燥、细腻能过七号筛。

【作用与用途】

本品有吸湿、止痒及收敛作用。用于痱子、汗疹等。洗净患处，撒布用。

【贮藏】

本品应密封于干燥处贮藏。

【分析与讨论】

（1）处方中薄荷脑、樟脑、麝香草酚研磨混合时，可产生共熔现象。由于共熔后，药理作用几无变化，但是如果混合不均匀将出现结块现象。故先将其共熔，再用处方中其他固体组分吸收混匀。研磨时应全部液化，再与薄荷油混合。

（2）由于水杨酸与硼酸均为结晶性物料，颗粒较大，研细后与升华硫、氧化锌、淀粉研磨混合，再与滑石粉按等量递加法研磨混合均匀。

（3）痱子粉为外用散剂，应为最细粉，过七号筛。

（4）检查外观均匀度。

【思考题】

（1）处方中有共熔成分时该如何操作？

（2）处方中固体粉末较多时该怎样混匀？

（二）硫酸阿托品散的制备

【制剂处方】

硫酸阿托品	1g
1%着色乳糖	1g
乳糖	98g
共制	100g

【仪器与材料】

天平、药勺、玻璃乳钵、100目药筛。

【制备工艺】

取乳糖置乳钵中研磨，使乳钵内壁饱和后倾出（或放置到混合机中进行运转，使混合机器壁饱和），将硫酸阿托品与着色乳糖置乳钵（或混合机）中研匀，再按等量递加法逐渐加入所需量的乳糖，研磨混匀，过六号筛（100目），分装，每包0.1g，即得。

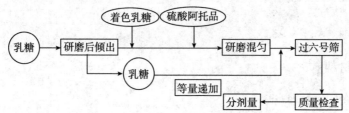

【制剂质量检查与评价】

（1）取成品适量，置光滑纸上，平铺约 5 cm^2，将其表面压平，在亮处观察，颜色均匀一致，无花纹色斑

（2）粉末细腻

【作用与用途】

本品可解除平滑肌痉挛。用于胃肠、肾、胆绞痛等。口服，需要时服一包。

【贮藏】

本品密闭于干燥处贮藏。

【分析与讨论】

（1）硫酸阿托品为毒性药品，剂量要求严格，称取量要准确，分剂量应采用重量法。

（2）硫酸阿托品及用来稀释的乳糖均为白色，单纯放在一起混合，即使采用等比例混合也很难混合均匀。在加入着色剂时，应先与药物等比例混匀，再与其余乳糖混合，可以通过颜色是否均匀来辅助判断是否混匀。

（3）应选用玻璃乳钵，先研磨乳糖以饱和乳钵壁，以防止乳钵对主药的吸附。

（4）硫酸阿托品百倍散与乳糖要按等量递加法研磨混匀，过六号筛。

（5）用过的乳钵应洗净，以免残留药品或色素污染其他药品。

（6）必须做好成品回收、保管方面的工作。

【思考题】

（1）主药量较少和其他粉末研磨时该如何操作？

（2）处方中有毒性药品粉末时该怎样混匀？

（三）解毒散的制备

【制剂处方】

药用炭	5.0g
氧化镁	2.5g
鞣酸	2.5g

【仪器与材料】

天平、药勺、玻璃乳钵

【制备工艺】

取氧化镁先单独研细，加鞣酸混和，再加药用炭研和至色泽一致，无颗粒为止。

【制剂质量检查与评价】

（1）粉末疏松、干燥、细腻。

（2）取成品适量，置光滑纸上，平铺约 $5cm^2$，将其表面压平，在亮处观察，颜色均匀一致。无白色颗粒出现。

【作用与用途】

腹泻、胃肠胀气，也用于化学品或药物的中毒急救。

【贮藏】

本品密闭于干燥处贮藏。

【分析与讨论】

（1）应选用玻璃乳钵。

（2）氧化镁要尽量研细否则成品里面会看见白色颗粒。

（3）用放大镜观察均匀度。

【思考题】

该怎样检查解毒散的质量？

（四）空胶囊的填充

【仪器与材料】

空胶囊壳、胶囊板、玻璃乳钵、六号药筛、棉签。

【制备工艺】

（1）取硼砂在玻璃乳钵中研细，过六号筛。

（2）将胶囊板放在干净整洁的桌面上，洗净双手或带上专用手套。

（3）把排列盘放在帽板上，放入适量胶囊帽并晃动。使胶囊帽口部向上落入胶囊板的胶囊孔中。

（4）倒出多余胶囊帽、取下排列盘。

（5）再把排列盘放在体板上，放入适量胶囊体并晃动使胶囊体口部向上落入胶囊板的胶囊孔中。

（6）倒出多余胶囊体、拿掉排列盘。

（7）在体板上倒上已经研细的硼砂粉并用刮粉板来回刮动数次使药粉均匀进入胶囊、直到胶囊完全压紧、填满。再刮净多余药粉。

（8）把中间板孔径大的一面盖在帽板上、使胶囊帽的口部进入中间板的套合孔中。

（9）将重叠的帽板和中间板翻转盖在已装好药粉的体板上并对齐。

（10）双手轻轻地摇晃着下压使胶囊呈预锁合状态，再把整套板翻转使帽板向下并用力下压使胶囊锁合。

（11）然后整套板翻转，拿掉帽板，取出中间板，这时填充好的胶囊都在中间板上。翻转中间板胶囊落入容器中，即完成一次胶囊填充。

（12）用明胶20%、水40%、乙醇40%的混合液对胶囊剂的封口。

【制剂质量检查与评价】

（1）外观：外观应整洁，不得有粘结、变形或破裂现象，并应无异臭。硬胶囊的内容物应干燥、松散、混合均匀。

（2）装量差异限度：取供试品 10 粒，分别精密称定重量，倾出内容物（不得损失囊壳）；硬胶囊剂囊壳用刷或其他适宜的用具拭净，软胶囊剂囊壳用乙醚等易挥发性溶剂洗净；置通风处使溶剂挥尽；再分别精密称定囊壳重量，求出每粒内容物的装量。每粒装量与标示装量相比较（有含量测定项的或无标示装量的胶囊剂与平均装量相比较），应在 ±10.0% 以内，超出装量差异限度的不得多于 2 粒，并不得有 1 粒超出限度 1 倍。

（3）崩解时限：照《中国药典》附录崩解时限检查法检查。除另有规定外，应符合规定。凡规定检查溶出度的胶囊剂，不再检查崩解时限。肠溶胶囊剂的崩解时限，应先在人工胃液中检查 2 小时，再在人工肠液中检查。

【思考题】

怎么判断空胶囊是否填满？

四、制剂技能考核标准评价

测试项目	技能要求	分值
实训准备	着装整洁，卫生习惯好。 实验内容、相关知识，正确选择所需的材料及设备，正确洗涤	5
实训记录	正确、及时记录实验的现象、数据	10
实训操作	按照实际操作计算处方中的药物用量，正确称量药物 按照实验步骤正确进行实验操作及仪器使用。按时完成 痱子粉： （1）樟脑和麝香草酚在玻璃乳钵里面研磨的时候一定要先研磨出液体，才能加入薄荷油 （2）硼酸要加入一滴乙醇进行加液研磨 （3）四种固体药物要在陶瓷乳钵里面分别单独研磨 （4）将陶瓷乳钵中的固体粉末加入玻璃乳钵中吸收液体的时候要采用"等量递加"法 （5）将粉末过筛的时候不能一次性加入筛网中，每次只能加入筛网面积的1/3 的粉末 （6）不能通过筛网的药物要重新倒回乳钵中研细再过筛 硫酸阿托品散： （1）干燥乳钵要用乳糖先饱和 （2）先将硫酸阿托品与着色剂混匀 （3）采用"等量递加"法加入剩余的乳糖混匀	

测试项目	技能要求	分值
实训操作	解毒散： （1）在加入氧化镁研磨时要选用干燥乳钵且要研磨得足够细 （2）氧化镁与鞣酸混合的时候要尽量研磨均匀 （3）药用炭要用硫酸纸称量 胶囊剂： （1）将完整空胶囊分开，按顺序排列在胶囊板的凹槽中 （2）将要填充的粉末到在胶囊板上，用力挤压粉末，使其尽量填满空胶囊 （3）将填好的胶囊体取出和胶囊帽合成一体。擦净外面的粉末	50
成品质量	痱子粉：白色的干燥粉末，疏松、不黏结 硫酸阿托品散：粉色的干燥粉末，疏松、不黏结，颜色均匀一致 解毒散：黑色的干燥疏松粉末，无白色可见颗粒，颜色均匀一致 胶囊剂：外观紧实，无形变，不黏结	10
清场	按要求清洁仪器设备、实验台，摆放好所用药品	5
实训报告	实验报告工整，项目齐全，结论准确，并能针对结果进行分析讨论	10
合计		100

（韦丽佳　陈　彪）

实训 十七 颗粒剂的制备

一、实训目的

1. 通过实验掌握颗粒剂的制备方法。
2. 掌握制湿颗粒的操作要点。
3. 能对制出颗粒进行质量判断。

二、实训指导

颗粒剂系指药物或药材提取物与适宜的辅料或药材细粉制成的干燥颗粒状制剂。

制备工艺如下：

原辅料的处理 → 制颗粒 → 干燥 → 整粒 → 质量检查 → 包装

1. 原辅料的处理

根据药材的有效成分不同，可采用不同的溶剂和方法进行提取，一般多用煎煮法提取有效成分，用等量乙醇精制时放置的时间、回收乙醇后放置的时间可根据实验安排情况，适当延长，以沉淀完全，上清液易于分离为宜。

2. 制颗粒

掌握湿法制粒的操作方法。控制清膏的相对密度时由于生产量较小，不方便用比重计测量，也可用桑皮纸上测水印的方法适当掌握，以不出现、或仅有少量水印为度；加辅料的量一般不超过清膏量的 5 倍，以手"握之成团，轻压即散"即可；如果软材不易分散，可用乙醇调整干湿度，以降低黏性，易于过筛，并使得颗粒易于干燥。

3. 干燥与整粒

湿颗粒立即在60℃～80℃常压干燥。整粒后将芳香挥发性物质、对湿热不稳定的药物加到干颗粒中。

4. 包装

颗粒剂易吸潮变质，为保证颗粒剂质量，应选择适宜的包装材料进行包装。

5. 生产设备

见图 17 - 1。

摇摆式颗粒机　　　　　　烘箱　　　　　　　　振荡筛

图 17 - 1　部分生产设备

三、实训内容

（一）感冒退热颗粒剂的制备

【制剂处方】

大清叶	200g
连翘	100g
板蓝根	200g
拳参	100g

【仪器与材料】

药勺、天平、100ml 烧杯、250ml 烧杯、10ml 量杯、25ml 量杯、滴管、玻璃棒、漏斗、滤纸、酒精灯、铁丝网、铁架台、蒸发皿、玻璃乳钵、10 目药筛、16 目药筛。

【制备工艺】

以上四味，加纯化水浸泡 5 分钟，煎煮 2 次，第一次 20 分钟，第二次 15 分钟，合并煎液，滤过，滤液浓缩至相对密度约为 1.08（90℃ ~95℃），待冷至室温，加等量的乙醇使沉淀，静置；取上清液浓缩至相对密度 1.20（60℃ ~65℃），加等量的水，搅拌，静置 15 分钟，取上清液浓缩成相对密度为 1.38 ~1.40（60℃ ~65℃）的清膏。取清膏 1 份、蔗糖粉 3 份、糊精 1.25 份及乙醇适量，制成颗粒，干燥，即得。

【制剂质量检查与评价】

（1）外观：颗粒剂应干燥、颗粒均匀、色泽一致，无吸潮、软化、结块、潮解等现象。

（2）粒度：除另有规定外，取单剂量包装的颗粒剂 5 袋（瓶）或多剂量包装颗粒剂 1 包（瓶），称定重量，置药筛内过筛。过筛时，将筛保持水平状态，左右往返轻轻筛动 3 分钟。不能通过一号筛和能通过四号筛的颗粒和粉末总和，不得超过 8.0%。

（3）水分：取供试品，照水分测定法（药典附录Ⅸ H）测定。除另有规定外，不得过 5.0%。

（4）溶化性：取供试品（颗粒剂 10g；块形冲剂 1 块，称定重量），加热水 20 倍，搅拌 5 分钟，可溶性颗粒剂应全部溶化，允许有轻微浑浊；混悬性颗粒剂应能混悬均匀，并均不得有焦屑等异物；泡腾性颗粒剂遇水时应立即产生二氧化碳气，并呈泡腾状。

（5）其他：其他检查项目参照《中国药典》。

【作用与用途】

清热解毒。用于上呼吸道感染，急性扁桃体炎，咽喉炎。开水冲服，一次 2～4 袋，一日 3 次。

【分析与讨论】

（1）为使成品纯净，提取液浓缩至相对密度约为 1.08 加等量的乙醇使沉淀，以除去树胶，蛋白等杂质，同时便于制粒。

（2）制备的糖粉需 60℃干燥，除去结晶水。

【思考题】

加入乙醇的作用?

（二）板蓝根颗粒剂的制备

【制剂处方】

板蓝根	1400g
糊精	适量
蔗糖	适量
共制	1000g

【仪器与材料】

药勺、天平、100ml 烧杯、250ml 烧杯、10ml 量杯、25ml 量杯、滴管、玻璃棒、漏斗、滤纸、酒精灯、铁丝网、铁架台、蒸发皿、玻璃乳钵、10 目药筛、16 目药筛。

【制备工艺】

取板蓝根 1400g，加水煎煮二次，第一次 2 小时，第二次 1 小时，煎液滤过，滤液合并，浓缩至相对密度为 1.20（50℃），加乙醇使含醇量达 60%，静置使沉淀，取上清液，回收乙醇并浓缩至适量，加入适量的蔗糖粉和糊精，制成颗粒，干燥，制成 1000g，即得。

（1）药材煎煮

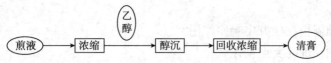

（2）精制浓缩

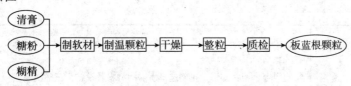

（3）制颗粒

【制剂质量检查与评价】

（1）外观：颗粒剂应干燥、颗粒均匀、色泽一致，无吸潮、软化、结块、潮解等现象。

（2）粒度：除另有规定外，取单剂量包装的颗粒剂 5 袋（瓶）或多剂量包装颗粒剂 1 包（瓶），称定重量，置药筛内过筛。过筛时，将筛保持水平状态，左右往返轻轻筛动 3 分钟。不能通过一号筛和能通过四号筛的颗粒和粉末总和，不得超过 8.0%。

（3）水分：取供试品，照水分测定法（药典附录 IX H）测定。除另有规定外，不得过 5.0%。

（4）溶化性：取供试品（颗粒剂 10g；块形冲剂 1 块，称定重量），加热水 20 倍，搅拌 5 分钟，可溶性颗粒剂应全部溶化，允许有轻微浑浊；混悬性颗粒剂应能混悬均匀，并均不得有焦屑等异物；泡腾性颗粒剂遇水时应立即产生二氧化碳气，并呈泡腾状。

其他检查项目参照《中国药典》。

【作用与用途】

本品具有清热解毒，凉血利咽的功能。用于病毒性感冒、咽喉肿痛。

【分析与讨论】

（1）药材加水浸泡 20~30 分钟，煎煮时沸前用武火，沸后用文火。

（2）煎液浓缩时，应不断搅拌。

（3）放冷后加乙醇并充分搅拌，放置过夜使沉淀完全。

（4）上清液可用减压蒸馏法回收乙醇，并浓缩至适量。

（5）稠膏与糖粉、糊精混合时，稠膏的温度在 40℃ 左右为宜。温度过高糖粉熔化，软材黏性太强，使颗粒坚硬。温度过低难以混合均匀。

（6）制软材过程中，必要时可加适当浓度乙醇，降低清膏的黏性，调整软材干湿度。

（7）浓缩后的清膏黏稠性大，与辅料混合时应充分搅拌，至色泽均匀为止。混合操作要迅速，否则糖粉熔化，以致软材太黏，给过筛制粒带来困难。

（8）用 16 目筛制湿颗粒。湿颗粒在 60℃干燥。干燥后过筛整粒。

【思考题】

（1）糖粉和糊精在处方中起何作用？

（2）制备颗粒剂的要点是什么？

四、制剂技能考核评价标准

测试项目	技能要求	分值
实训准备	着装整洁，卫生习惯好 实验内容、相关知识，正确选择所需的材料及设备，正确洗涤	5
实训记录	正确、及时记录实验的现象、数据	10
实训操作	按照实际操作计算处方中的药物用量，正确称量药物 按照实验步骤正确进行实验操作及仪器使用。按时完成	10
	感冒退热颗粒剂：（1小时） （1）四种药材在水中浸泡 5 分钟后才加热 （2）第一次煎煮液与第二次煎煮液合并后浓缩至 15ml，颜色为深棕色 （3）浓缩液加乙醇进冰箱后要尽量让杂质沉淀，过滤时要注意漏斗不要被堵塞住 （4）滤液在浓缩的时候一定要采用水浴加热的方式 （5）在加入赋形剂制备湿颗粒的时候一定要掌握好"握之成团，触之即散"的原则 （6）干燥颗粒时，速度不能太快，以免造成"外干内湿"的假象	50
	板蓝根颗粒剂：（3小时） （1）药材在煎煮时要注意水的蒸发速度，火不能太大 （2）两次煎煮后的浓缩液要冷却后再加入乙醇沉淀 （3）在加入赋形剂制备湿颗粒的时候一定要掌握好"握之成团，触之即散"的原则 （4）干燥颗粒时，速度不能太快，以免造成"外干内湿"的假象	
成品质量	感冒退热颗粒剂：棕色的干燥颗粒，疏松、不黏结 板蓝根颗粒剂：棕色的干燥颗粒，疏松、不黏结	10
清场	按要求清洁仪器设备、实验台，摆放好所用药品	5
实训报告	实验报告工整，项目齐全，结论准确，并能针对结果进行分析讨论	10
合计		100

（韦丽佳、陈　彪）

实训 十八 片剂的制备

一、实训目的

1. 通过片剂制备，掌握湿法制粒压片的工艺过程。
2. 掌握单冲压片机的使用方法及片剂质量的检查方法。
3. 考察压片力及崩解剂等对片剂的硬度或崩解的影响。

二、实训指导

片剂的制备方法有制粒压片（分为湿法制粒和干法制粒），粉末直接压片和结晶直接压片。其中，湿法制粒压片最为常见，现将传统湿法制粒压片的生产工艺过程介绍如下：

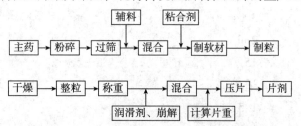

$$片重 = \frac{每片应含主药量（标示量）}{干颗粒中主药百分含量测得值}$$

根据片重选择筛目与冲膜直径，其之间的常用关系可参考表 18 - 1。根据药物密度不同，可进行适当调整。

表 18 - 1 根据片重可选的筛目与冲膜的尺寸

片重（mg）	筛目数		冲膜直径
	湿粒	干粒	
50	18	16 ~ 20	5 ~ 5.5
100	16	14 ~ 20	6 ~ 6.5
150	16	14 ~ 20	7 ~ 8
200	14	12 ~ 16	8 ~ 8.5
300	12	10 ~ 16	9 ~ 10.5
500	10	10 ~ 12	12

生产设备：
见图 18 - 1。

万能粉碎机　　　摇摆式颗粒机　　　烘箱

振荡筛　　　单冲压片机　　　片剂四用测定仪

图 18 - 1　部分生产设备

三、实训内容

（一）复方碳酸氢钠片的制备

【制剂处方】

碳酸氢钠	300g
薄荷油	2ml
淀粉	15g
10% 淀粉浆	适量
硬脂酸镁	1.5g
共制	1000 片

【仪器与材料】

药勺、天平、100ml 烧杯、25ml 量杯、滴管、玻璃棒、酒精灯、铁丝网、铁架台、玻璃乳钵、10 目/16 目/40 目/80 目药筛、烘箱、单冲压片机、片剂四用检测仪、六管崩解仪。

【制备工艺】

（1）10% 淀粉浆的制备：将 0.2g 枸橼酸（或酒石酸）溶于约 20ml 纯化水中，再加入淀粉约 2g 搅匀，边搅边加热，制成 10% 淀粉浆。

（2）制颗粒：取碳酸氢钠通过 80 目筛，加入 10% 淀粉浆拌和制成软材通过 8～10 目筛制粒，湿粒于 50℃ 以下烘干，温度可逐渐增至 65℃，使快速干燥。干粒通过 16 目筛整粒。

（3）总混：再用 80 目筛筛出部分细粉，将此细粉与薄荷油拌均，加入干淀粉与硬脂酸镁混合，用 40 目筛过筛后，与干粒混合，在密闭容器中放置 4 小时，使颗粒将薄荷油吸收。

（4）压片：调节片重、压力，将上述物料用单冲压片机压片。

【制剂质量检查与评价】

（1）硬度检查法　采用破碎强度法，采用片剂四用测定仪进行测定。方法如下：将药片径向固定在两横杆之间，其中的活动柱杆借助弹簧沿水平方向对片剂径向加压，当片剂破碎时，活动柱杆的弹簧停止加压，仪器刻度盘所指示的压力即为片的硬度。测定 3 ~ 6 片，取平均值。结果记录入表 18 - 2。

（2）脆碎度检查法　取药片，按《中国药典》2010 年版二部附录 XG 项下检查法，置片剂四用测定仪脆碎度检查槽内检查，记录检查结果。

检查方法及规定如下：片重为 0.65g 或以下者取若干片，使其总重量约为 6.5g；片重大于 0.65g 者取 10 片。用吹风机吹去脱落的粉末，精密称重，置圆筒中，转动 100 次。取出，同法除去粉末，精密称重，减失重量不得过 1%，且不得检出断裂、龟裂及粉碎的片。

（3）崩解时间检查法　应用片剂四用测定仪进行测定。采用吊篮法，方法如下：取药片 6 片，分别置于吊篮的玻璃管中，每管各加一片，开动仪器使吊篮浸入 37℃ ±1.0℃ 的水中，按一定的频率（30 ~ 32 次/分钟）和幅度（55 ±2mm）往复运动。从片剂置于玻璃管开始计时，至片剂破碎并全部固体粒子都通过玻璃管底部的筛网（Φ2mm）为止，该时间即为该片剂的崩解时间，应符合规定崩解时限（一般压制片为 15 分钟）。如有 1 片不符合要求，应另取 6 片复试，均应符合规定。结果记录入表 18 - 2。

表 18 - 2　片剂硬度和崩解时限检查

品名	硬度（kg）							崩解时间（分钟）						
	1	2	3	4	5	6	平均	1	2	3	4	5	6	平均
结论														

（4）重量差异检查法　取药片 20 片，精密称定总重量，求得平均片重后，再分别精密称定各片的重量。每片重量与平均片重相比较（凡无含量测定的片剂，每片重量应与标示片重比较）超出重量差异限度（表 18 - 3）的药片不得多于 2 片，并不得有 1 片超出限度 1 倍。

表 18 - 3　重量差异限度

平均片重	重量差异限度
0.30g 以下	±7.5%
0.30g 或 0.30g 以上	±5%

【分析与讨论】

（1）本品用 10% 淀粉浆作黏合剂，用量约 50g，也可用 12% 淀粉浆。淀粉浆制法有：①煮浆法：取淀粉徐徐加入全量的水，不断搅匀，避免结块，加热并不断搅拌至沸，放冷即得。②冲浆法：取淀粉加少量冷水，搅匀，然后冲入一定量的沸水，不断搅拌，至成半透明糊状。此法适宜小量制备。

（2）湿粒干燥温度不宜过高，因其在潮湿情况下受高温易分解，生成碳酸钠，使颗粒表面带黄色。

$$2NaHCO_3 \rightarrow Na_2CO_3 + H_2O + CO_2$$

为了使颗粒快速干燥，故调制软材时，黏合剂用量不宜过多，调制不宜太湿，烘箱要有良好的通风设备，开始时在50℃以下将大部分水分逐出后，再逐渐升高至65℃左右，使完全干燥。

（3）本品干粒中须加薄荷油，压片时常易造成裂片现象，故湿粒应制得均匀，干粒中通过60目筛的细分不得超过1/3。

（4）薄荷油也可用少量稀醇稀释后，用喷雾器喷于颗粒上，混合均匀，在密闭容器中放置24～48小时，然后进行压片，否则压出的片剂呈现油的斑点。

【思考题】

本品在制备过程中出现的问题，应采取什么方法来纠正？

（二）压片力对乙酰水杨酸片剂硬度和崩解性能的影响

【制剂处方】

乙酰水杨酸	20g
淀粉	2g
枸橼酸	适量
10%淀粉浆	适量
滑石粉	1g

【仪器与材料】

药勺、天平、100ml烧杯、25ml量杯、滴管、玻璃棒、酒精灯、铁丝网、铁架台、玻璃乳钵、16目药筛、烘箱、单冲压片机、片剂四用检测仪、六管崩解仪。

【制备工艺】

（1）10%淀粉浆的制备：将0.2g枸橼酸（或酒石酸）溶于约20ml纯化水中，再加入淀粉约2g搅匀，边搅边加热，制成10%淀粉浆。

（2）制颗粒：取处方量乙酰水杨酸与淀粉混合均匀，加适量10%淀粉浆制软材，挤压过16目筛制粒，将湿颗粒于40℃～60℃干燥，16目筛整粒并与滑石粉混匀（5%）。

（3）在不同压力下压片：将上述乙酰水杨酸颗粒分别在高、低两个不同压力下压片，测定各压力下片剂的硬度和崩解时限，结果记录入表 18 - 4。

表 18 - 4 压片力对片剂硬度和崩解性能的影响

编号	压力	硬度（kg）							崩解时间（min）						
		1	2	3	4	5	6	平均	1	2	3	4	5	6	平均
1	高														
2	低														
结论															

【制剂质量检查与评价】

硬度、脆碎度、崩解时间、重量差异检查法同上，结果列于表 18 - 3。

【作用与用途】

解热镇痛、抗风湿、预防心肌梗死、动脉血栓、动脉粥样硬化、治疗胆道蛔虫病、治疗 X 线照射或放疗引起的腹泻。

【分析与讨论】

（1）乙酰水杨酸在润湿状态下遇铁器易变为淡红色。因此，宜尽量避免铁器，如过筛时宜用尼龙筛网，并迅速干燥。在干燥时温度不宜过高，以避免药物加速水解。

（2）在实验室中配制淀粉浆：可用直火加热，也可以水浴加热。若用直火时，需不停搅拌，防止焦化而使片面产生黑点。

（3）加浆的温度，以温浆为宜，温度太高不利药物稳定，太低不宜分散均匀。

【思考题】

（1）制备乙酰水杨酸片时，如何避免乙酰水杨酸分解？应选择何种润滑剂？

（2）在制备淀粉浆时为什么要加入枸橼酸？

（三）维生素 C 片剂的制备

【制剂处方】

维生素 C	50.0g
淀粉	20.0g
糊精	30.0g
酒石酸	1.0g
50% 乙醇	适量
硬脂酸镁	1.0g

【仪器与材料】

药勺、天平、100ml 烧杯、25ml 量杯、滴管、玻璃棒、玻璃乳钵、18 目药筛、20

目药筛、烘箱、单冲压片机、片剂四用检测仪。

【制备工艺】

称取维生素 C 粉或极细结晶，淀粉，糊精混合均匀。另将酒石酸溶解于适宜量的 50% 乙醇中，并一次性加入于混合粉末中，加入时分散面要大，混合要均匀，制软材，通过 18~20 目尼龙筛制成湿粒，60℃以下干燥，当干燥接近要求时可升至 70℃以下，以加速干燥，干粒水分应控制在 1.5% 以下。用制粒时相同目筛整粒，筛出干粒中的细粉，与过筛的硬脂酸镁混匀，然后再与干颗粒混匀，压片。

【制剂质量检查与评价】

（1）片剂外观完整，颜色均匀一致，无斑点，裂片等现象。

（2）脆碎度、（硬度）、崩解时限符合《中国药典》要求。

【作用与用途】

口服。用于成人，饮食补充、慢性透析病人、维生素 C 缺乏、酸化尿、特发性高铁血红蛋白血症。

【分析与讨论】

（1）维生素 C 在润湿状态较易分解变色，尤其与金属（如铜、铁）接触时，更易于变色。因此，为避免在润湿状态下分解变色，应尽量缩短制粒时间，并宜在 60℃以下干燥。

（2）处方中酒石酸用以防止维生素 C 遇金属离子变色，因它对金属离子有络合作用。也可改用 2% 枸橼酸，同样具有稳定作用。由于酒石酸的量小，为混合均匀，宜先溶入适量润湿剂 50% 乙醇中。

【思考题】

（1）制备维生素 C 片时，干燥颗粒的温度有何要求？

（2）处方中的酒石酸可以换成其他的酸吗？

（四）复方甘草片的制备

【制剂处方】

甘草浸膏（粉末）	12.5g
氯化铵	6g
糊精	适量
50% 乙醇	适量
滑石粉	适量

【仪器与材料】

药勺、天平、25ml 量杯、滴管、玻璃棒、玻璃乳钵、16 目药筛、18 目药筛、烘箱、单冲压片机、片剂四用检测仪。

【制备工艺】

取甘草浸膏（粉末），加氯化铵及糊精适量，充分混合，加 50% 乙醇作湿润剂，迅速制成软材，立即通过 16 目筛二次制粒，湿粒用 70℃ 以下温度干燥，干粒先通过 18 目筛整粒，加滑石粉作润滑剂混匀，压片，即得。

【制剂质量检查与评价】

（1）片剂外观完整，颜色均匀一致。

（2）脆碎度、（硬度）、崩解时限符合《中国药典》要求。

（3）片剂表面无油斑，无裂片等现象。

【作用与用途】

适应证：用于镇咳祛痰。

【分析与讨论】

（1）甘草浸膏为块状甘草浸膏，取用时先放在冰库中冷却，剥去包皮纸，打碎成小块（含水量约 15%），如在冬季不必先行冷却。将小块置衬有牛皮纸的烘盘中，纸上撒布少量淀粉，以免粘连。然后在 80℃ 左右干燥约 24 小时，使含水量降至约 1% 左右。取出松脆的甘草浸膏，经万能磨粉机粉碎，过 60 目筛，得甘草浸膏干粉，即可供配料用。操作应在低温车间或相对湿度 70% 以下进行。如所用甘草浸膏为软膏状制品（含甘草酸在 20% 以上），可先在水浴上加热溶化，加淀粉适量拌和，使成 50% 甘草膏粉，再依上法制粒后压片。

（2）本品中含有油质，压片时易产生裂片或松片等现象，故干粒中细粉不宜过多，以不超过 30% 为宜，干粒中所含水分以保持在 5% 为宜。油类成分加入后，应密闭放置 3~4 小时，使油类渗入干粒中，以免压片时，药片表面产生油斑。

（3）本品用稀醇作润湿剂，在制软材或制粒操作时均须迅速，以免醇挥发后，使软材变硬或结块，影响制粒。湿粒亦应迅速干燥以免湿粒粘连或结块。

【思考题】

（1）制备中药浸膏片时与制备化学药片有什么不同？

（2）在使用干草浸膏的时候有何注意的问题？

四、制剂技能考核标准评价

测试项目	技能要求	分值
实训准备	着装整洁，卫生习惯好 实验内容、相关知识，正确选择所需的材料及设备，正确洗涤	5
实训记录	正确、及时记录实验的现象、数据	10
实训操作	按照实际操作计算处方中的药物用量，正确称量药物 按照实验步骤正确进行实验操作及仪器使用。按时完成	10
	乙酰水杨酸片： （1）制备淀粉浆时要注意控制火候大小，防止淀粉浆糊化 （2）淀粉浆的应该是透明无色，有一定黏稠性 （3）在制备湿颗粒的时候一定要掌握好"握之成团，触之即散"的原则，淀粉浆用量要适当 （4）由于药物不能接触铁器，因此过筛时应选用尼龙筛网 （5）干燥颗粒时要控制好温度，温度不能太高，防止药物受热分解 （6）干燥颗粒时，速度不能太快，以免造成"外干内湿"的假象 （7）压片时一定要调节好压力，防止裂片和松片 （8）压好的片剂应外观光滑完整 维生素 C 片： （1）药物不能接触铁器，过筛时应选用尼龙筛网 （2）干燥温度不能太高，防止药物受热不稳定 （3）操作过程应防止药物氧化变黄 复方干草片： （1）干草浸膏的操作应在低温车间或相对湿度 70% 以下进行 （2）制作软材时要迅速，并且立即通过 16 目筛二次制粒 （3）干燥颗粒时的温度要控制在 70℃ 以内 （4）加入的滑石粉要注意用量。防止压片时粘连	50
成品质量	乙酰水杨酸片：白色片剂，外观完整光洁 维生素 C 片：白色片剂，外观完整光洁，无黄色 复方干草片：棕色片剂，外观完整光洁，无油斑	10
清场	按要求清洁仪器设备、实验台，摆放好所用药品	5
实训报告	实验报告工整，项目齐全，结论准确，并能针对结果进行分析讨论	10
合计		100

（韦丽佳、曾　俊）

实训 十九 滴丸剂的制备

一、实验目的

1. 了解滴丸剂制备的基本原理。
2. 学会滴制法制备滴丸剂的基本操作。
3. 能对滴丸剂质量进行检查。
4. 能正确、及时记录实验现象及数据。

二、实训指导

滴丸剂系指固体或液体药物与适宜的基质加热熔融后溶解、乳化或混悬在基质中，再滴入互不混溶、互不作用的冷凝液中，由于表面张力的作用使液滴收缩成球状而制成的制剂。主要供口服，亦可供外用和眼、耳、鼻、直肠、阴道等局部使用。滴丸剂中除药物以外的赋形剂一般称为基质，用于冷却滴出的液滴，使之收缩冷凝成为滴丸的液体称为冷凝液。常用的冷凝液有：水溶性基质可用液状石蜡、植物油、甲基硅油等。非水溶性基质可用水、不同浓度的乙醇、酸性或碱性水溶液等。

滴丸剂是采用滴制法进行制备，滴制法是将药物均匀分散在熔融的基质中，再滴入不相混溶的冷凝液中，冷凝收缩成丸的方法，其生产工艺流程如下。

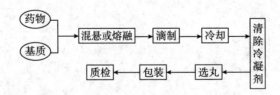

附注：药物是中药浸膏由于含有水分，故冷却后需要进一步干燥。

滴丸剂的制备设备常用滴丸机，基质的溶化可在滴丸机中或熔料锅中进行，冷凝方式有静态冷凝与动态冷凝两种，滴出方式有下沉和上浮两种（图 19 -1，图 19 -2）。

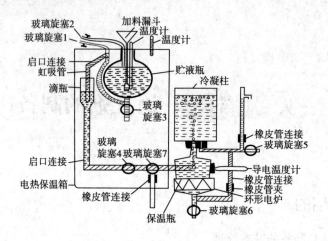

图 19 - 1　实验室上浮式制备滴丸装置示意图

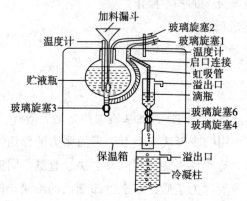

图 19 - 2　实验室下沉式制备滴丸装置示意图

三、实训内容

（一）氯霉素耳用滴丸

【制剂处方】

氯霉素　　　　　　　10g

聚乙二醇 6000　　　　20g

【仪器与材料】

量筒、分液漏斗、小烧杯、大烧杯、保温箱、冷却柱、电子天平等。

【制备工艺】

（1）将聚乙二醇 6000 放入小烧杯后置水浴上加热熔融，加入全量氯霉素，搅拌至全溶，使药液温度保持在 80℃。

（2）用液状石蜡作冷凝液装入冷却柱，将药液滴入冷却柱中成丸。

（3）待冷凝完全后取出滴丸，摊于纸上，吸去滴丸表面的液状石蜡，自然干燥即得。

【制剂质量检查与评价】

本品为淡黄色或黄色圆珠形滴丸。

（1）外观　包括丸形、大小、色泽、有无粘连现象。

（2）重量差异　滴丸剂重量差异限度应符合表 19－1 中规定。

表 19－1　滴丸剂的重量差异限度

平均重量	重量差异限度
0.03 g 以下或 0.03g	±15%
0.03g 以上至 0.3g	±10%
0.3g 以上	±7.5%

检查法：取供试品 20 丸，精密称定总重量，求得平均丸重后，再分别精密称定每丸的重量。每丸重量与平均丸重相比较，超出限度的不得多于 2 丸，并不得有 1 丸超出限度一倍。

包糖衣的滴丸应在包衣前检查丸芯的重量差异，符合表中规定后，方可包衣，包衣后不再检查重量差异。

（3）溶散时限　照崩解时限检查法进行检查，除另有规定外，应符合规定。

【作用与用途】

适用于急、慢性化脓性中耳炎及乳突根治术后流脓者。

【分析与讨论】

1. 滴制时熔融液的温度应不低于 80℃，否则在滴口处易凝固，不易滴下。
2. 滴管与冷凝剂液面的距离应 <5cm，否则会影响丸重和丸形。

【思考题】

滴丸成型过程的质量控制点有哪些？

（二）空白滴丸的制备

【制剂处方】

聚乙二醇 6000　　　　　　　100g

【仪器与材料】

量筒、分液漏斗、小烧杯、大烧杯、保温箱、冷却柱、电子天平、聚乙二醇 6000 等。

【制备工艺】

（1）基质熔化：取 PEG6000 在大烧杯中水溶加热熔化，保温至 80℃。

（2）用液状石蜡作冷凝液装入冷却柱，将药液滴入冷却柱中成丸。

（3）待冷凝完全后取出滴丸，摊于纸上，吸去滴丸表面的液状石蜡，自然干燥即得。

【制剂质量检查与评价】

本品为白色圆形滴丸。

【分析与讨论】

（1）设定油浴温度与药盘温度时，要梯度进行。

（2）滴制过程中保持恒温。

（3）滴制液液压保持恒定。

（4）冷凝剂的冷却应梯度冷却。

【思考题】

影响滴丸剂圆整度的因素有哪些

（三）酒石酸锑钾滴丸的制备

【制剂处方】

酒石酸锑钾	0.8g
明胶	5.0g
甘油	6.1ml
纯化水	20.0ml

【仪器与材料】

量筒、分液漏斗、小烧杯、大烧杯、保温箱、冷却柱、电子天平、酒石酸锑钾等。

【制备工艺】

（1）取明胶置于烧杯中，加纯化水使其充分溶胀，加入甘油，在水浴上加热至明胶溶解，加入酒石酸锑溶解，搅匀。

（2）将上述药液趁热倒入分液漏斗中，在70℃左右滴丸，以液状石蜡为冷凝液，收集滴丸，沥净，用滤纸吸除刃面的液体石蜡，即得。

【制剂质量检查与评价】

本品为浅棕色半透明滴丸。

【分析与讨论】

（1）要有充分时间保证明胶溶胀完全。

（2）滴制过程中，药液温度要恒定，温度过高药液变稀，滴速快而易产生小丸或双丸，成品丸重偏小；温度过低，药液变稠，滴速慢药丸粒常拖尾巴，成品畸形，丸重偏大。

（3）冷却柱温度维持在10℃～15℃，为提高冷却效果，冷却柱外可用冰盐冷却浴进行冷却，也可加长冷却柱的长度，如果冷却柱温度过高，丸粒粘连，不能成形。

（4）严格控制滴速，滴口与液面间的距离，以免丸粒不合格。

（5）操作中应避免吸入酒石酸锑钾粉末，长期接触过多，往往发生鼻流血或皮肤粗糙等副作用。

【思考题】

（1）为何药液要趁热过滤？

（2）如何纠正制备中出现的异常现象？

（3）怎么选择适宜的滴丸剂基质和冷却液？

四、制剂技能考核评价标准

测试项目	技能要求	分值
实训准备	着装整洁，卫生习惯好 实验内容、相关知识，正确选择所需的材料及设备，正确洗涤	5
实训记录	正确、及时记录实验的现象、数据	10
实训操作	按照实际操作计算处方中的药物用量、基质用量，正确称量药物 按照实验步骤正确进行实验操作及仪器使用。按时完成	10
	滴丸剂的制备 （1）熔融基质操作正确、温度控制合理 （2）药物与基质混合均匀 （3）滴管口与冷凝剂液面距离合理	40
	滴丸剂质量考察 （1）外观符合要求 （2）重量差异检查操作正确	10
成品质量	氯霉素耳用滴丸：为淡黄色或黄色圆珠形滴丸 空白滴丸：为白色圆珠形滴丸 酒石酸锑钾滴丸：浅棕色半透明滴丸	10
清场	按要求清洁仪器设备、实验台，摆放好所用药品	5
实训报告	实验报告工整，项目齐全，结论准确，并能针对结果进行分析讨论	10
合计		100

（邱妍川、何静）

实训 二十 微型胶囊的制备

一、实训目标

1. 掌握用复凝聚法制备微囊的基本原理和方法。
2. 通过制备微型胶囊，使同学们理解微囊的特性和应用特点。

二、实训指导

微型胶囊（简称微囊）系利用高分子材料（通称囊材）、将固体药物或液体药物（通称囊心物）包裹成直径为 0.01~200μm 的微小胶囊。药物微囊化后，具有缓释作用，可提高药物的稳定性，掩盖药物的不良气味和口味，降低药物对胃肠道的刺激性，减少复方药物的配伍禁忌，改善药物的流动性与可压性，使液态药物可固体化。根据临床需要可将微囊制成散剂、胶囊剂、片剂、注射剂、软膏等。

微囊的制备方法很多，可归纳为物理化学法、化学法以及物理机械法三大类。可根据药物和囊材的性质与微囊的粒径、释放性能等要求进行选择。

本实验采用单、复凝聚法制备微囊，工艺简单，可用于多种类药物的微囊化。复凝聚法的原理是利用一些高亲水性胶体带有电荷的性质。当两种或两种以上带相反电荷的胶体液混合时，因电荷中和而产生凝聚。例如：阿拉伯胶液带负电，而 A 型明胶在等电点（pH 7~9）以上也带负电荷，故两者混合并不发生凝聚现象；若用醋酸调节胶液 pH 至 A 型明胶等电点以下（约 pH 3.8~4.0）时，因明胶电荷全部转为正电荷，即与带负电荷的阿拉伯胶相互凝聚。当溶液中存在药物时，就包在药物粒子周围形成微囊，此时囊膜较松软，当降低温度使达到胶凝点以下时，则逐渐胶凝、硬化，再加入甲醛使囊膜变性固化而得微囊成品（图 20-1，图 20-2）。

单凝聚法制备微囊的原理是利用凝聚剂（强亲水性电解质或非电解质）与高分子囊材溶液的水合膜中水分子结合，致使囊材的溶解度降低，在搅拌条件下自体系中凝聚成囊而析出，这种凝聚是可逆的，一旦解除促凝聚条件，就可发生解凝聚现象，需根据囊材性质进行固化。

 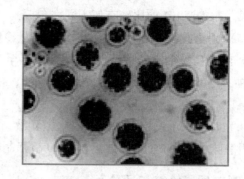

图 20 – 1　物理机械法制备：喷雾造粒装置　　图 20 – 2　显微镜下的微囊

三、实训内容

（一）鱼肝油微囊的制备

【制剂处方】

鱼肝油	1.5ml
阿拉伯胶	1.5g
明胶	1.5g
37%甲醛溶液	2ml
10%醋酸溶液	适量
10%氢氧化钠溶液	适量

【仪器与材料】

烧杯、乳钵、显微镜、普通天平、鱼肝油、明胶、阿拉伯胶、甲醛溶液、10%醋酸溶液（新配制）、10%氢氧化钠溶液、纯化水等。

【制备工艺】

（1）明胶溶液的配制：取明胶 1.5g 加纯化水适量，在 60℃ 水浴中溶解，过滤，加纯化水至 50ml，用 10% NaOH 溶液调节 pH 为 8.0 备用。

（2）鱼肝油乳剂的制备：取阿拉伯胶 1.5g 置于干燥乳钵中研细，加鱼肝油 1.5ml，加纯化水 2.5ml，急速研磨成初乳，转移至量杯中，加纯化水至 50ml，搅拌均匀。同时在显微镜下检查成乳情况，记录结果（绘图），并测试乳剂的 pH。

（3）混合：取乳剂放入烧杯中，加等量 3% 明胶溶液（pH = 8.0）搅拌均匀，将混合液置于水浴中，温度保持 45℃ ~ 50℃ 左右，取此混合液在显微镜下观察（绘图），同时测定混合液 pH。

（4）调 pH 成囊：上述混合液在不断搅拌下（速度 25 ~ 30 转/分）。用 10% HAC 溶液调节混合液 pH 为 4.0~4.5，同时在显微镜下观察，看是否成为微囊，并绘图记录观察结果。与未调 pH 前比较有何不同。

（5）固化：在不断搅拌下，加入二倍量冷纯化水稀释，待温度降至 32℃~35℃时，将微囊液置于冰浴中，不断搅拌，急速降温至 5℃左右，加入 37% 甲醛溶液 4ml，搅拌 20 分钟，用 10% 氢氧化钠溶液调 pH 至 8.0，搅拌 1 小时，同时在显微镜下观察绘图表示结果。

（6）过滤、干燥：从水浴中取出微囊液，静置待微囊下沉，抽滤，用纯化水洗涤至无甲醛味，加入 6% 左右的淀粉用 20 目筛制粒，于 50℃ 以下干燥，称重即得。

【制剂质量检查与评价】

显微镜观察为圆整形或椭圆形的封闭囊状物，且大小应较均匀。

【分析与讨论】

（1）此法制备微囊使用的阿拉伯胶带负电荷，而 A 型明胶在等电点以上带负电荷，在等电点以下带正电荷，故明胶溶液要先用 10% NaOH 溶液调 pH 至 8.0。

（2）成囊时 pH 调节不要过高或过低，一般调 pH 至 3.8~4.0，这时明胶全部转为正电荷，与带负电荷的阿拉伯胶相互凝聚成囊。搅拌速度要适宜，速度过快由于产生离心作用，使刚刚形成的囊膜破坏；速度过慢，则微囊互相粘连。

（3）加入甲醛使囊膜变性，因此，甲醛用量的多少能影响变性程度。最后混合物用 10% NaOH 溶液调节 pH = 8.0，搅拌 1 小时，以增强甲醛与明胶的交联作用，使凝胶的网状结构孔隙缩小。

【思考题】

（1）该处方采用了哪种方法制备微囊？
（2）影响微囊粒径的因素？

（二）液状石蜡微囊的制备

【制剂处方】

液体石蜡　　　　　　2g
明胶　　　　　　　　2g
10% 醋酸溶液　　　　适量
60% 硫酸钠溶液　　　适量
37% 甲醛溶液　　　　3ml
纯化水　　　　　　　适量

【仪器与材料】

烧杯、乳钵、显微镜、普通天平、液体石蜡、明胶、37% 甲醛溶液、10% 醋酸溶液（新配制）、60%硫酸钠溶液、纯化水等。

【制备工艺】

（1）明胶溶液的制备：称取明胶 2g，加纯化水 10ml 使溶胀、溶解，50℃保温。

（2）液状石蜡乳的制备：称取处方量液状石蜡，加明胶溶液，于研钵中研磨成初乳，加纯化水至 60ml，混匀，10%醋酸溶液调节至 pH 4（3.5～3.8）。

（3）微囊的制备：将上述乳剂转移到烧杯中，置于 50℃恒温水浴内，量取一定体积的 60%硫酸钠溶液，在搅拌下滴入乳剂中，至显微镜下观察，以成囊为度，由所用硫酸钠体积，立即计算体系中硫酸钠的浓度。另配制成硫酸钠稀释液，浓度为体系中浓度加 1.5%，体积为成囊溶液 3 倍以上，稀释液温度为 15℃，倾入搅拌的体系中，使微囊分散，静置待微囊沉降，倾去上清液，用硫酸钠稀释液洗 2～3 次。再将微囊混悬于硫酸钠稀释液 300ml 中，加甲醛溶液，搅拌 15min，用 20%氢氧化钠溶液调节 pH 8～9，继续搅拌 1h，静置待微囊沉降完全。倾去上清液，微囊过滤，用纯化水洗至无甲醛气味（或用 Schiff 试剂试至不显色），抽干，即得。

【制剂质量检查与评价】

显微镜观察为圆整形或椭圆形的封闭囊状物，且大小应较均匀。

【分析与讨论】

（1）液状石蜡乳的乳化剂为明胶，乳化力不强，亦可将液状石蜡与明胶溶液 60ml，用乳匀器或组织捣碎器乳化 1～2min，即制得均匀乳剂。

（2）60%硫酸钠溶液，由于其浓度较高，温度低时，很易析出晶体，故应配制后加盖放置于 50℃保温备用（硫酸钠是含 10 分子结晶水的晶体）。

（3）凝聚成囊后，在不停止搅拌的条件下，立即计算硫酸钠稀释液的溶液浓度。若硫酸钠凝聚剂用去 21ml，乳剂中纯化水为 60ml，体系中硫酸钠的浓度为 $\dfrac{60\% \times 21ml}{81ml}$，应再增加 1.5%，即 17.1%硫酸钠溶液为稀释液，用量为体系的 3 倍多（300ml），液温 15℃，可保持成囊时的囊形。若稀释液的浓度过高或过低时，可使囊粘结成团或溶解。

（4）成囊后加入稀释液，稀释后，再用稀释液反复洗时，只需要倾去上清液，不必过滤，目的是除去未凝聚完全的明胶，以免加入固化剂时明胶交联形成胶状物。固化后的微囊可过滤抽干，然后加入辅料制成颗粒，或可混悬于纯化水中放置，备用。

（5）甲醛可使囊膜的明胶变性固化。甲醛用量的多少能影响明胶的变性程度，亦可影响药物的释放速度。

（6）用 20%氢氧化钠液 pH 至 7～8 时，可增强甲醛与明胶的交联作用，使凝胶的网状结构孔隙缩小而提高热稳定性。

【思考题】

（1）该处方采用了哪种方法制备微囊？

（2）影响微囊粒径的因素？

四、制剂技能考核评价标准

测试项目	技能要求	分值
实训准备	服装整洁，卫生习惯好，操作安静 熟悉实验内容、相关知识，正确选择所需的材料及设备，正确洗涤	5
实训记录	正确、及时记录实验的现象、数据	10
	按照实际操作计算处方中的药物用量，正确称量药物 能够按照实验步骤正确进行实验操作及仪器设备的使用	10
实训操作	鱼肝油微囊： （1）明胶溶液的配制 （2）鱼肝油乳剂的制备 （3）混合：取乳剂放入烧杯中，加等量3%明胶溶液（pH=8.0）搅拌均匀，将混合液置于水浴中，温度保持45℃~50℃左右，取此混合液在显微镜下观察，测定混合液pH （4）调pH成囊：上述混合液在不断搅拌下，用10% HAC溶液调节混合液pH为4.0~4.5，同时在显微镜下观察，看是否成为微囊 （5）固化：在不断搅拌下，加入冷纯化水稀释，待温度降至33℃左右，置于冰浴中，不断搅拌加入37%甲醛再搅拌，用10%氢氧化钠溶液调pH至8.0，搅拌1小时，在显微镜下观察 （6）过滤、干燥 液体石蜡微囊： （1）明胶溶液的制备 （2）液状石蜡乳的制备 （3）微囊的制备：乳剂转移到烧杯中，置于50℃恒温水浴内，量取一定体积的60%硫酸钠溶液在搅拌下滴入乳剂中，至显微镜下观察 （4）配制硫酸钠稀释液，稀释液温度为15℃，倾入搅拌的体系中，使微囊分散，静置待微囊沉降，倾去上清液，用硫酸钠稀释液洗2~3次 （5）将微囊混悬于硫酸钠稀释液300ml中，加甲醛溶液，搅拌15min，用20%氢氧化钠溶液调节pH 8~9，继续搅拌1h，静置待微囊沉降完全。倾去上清液，微囊过滤，用纯化水洗至无甲醛气味，抽干	50
成品质量	显微镜观察为圆整形或椭圆形的封闭囊状物，且大小应较均匀	10
清场	按要求清洁仪器设备、实验台，摆放好所用药品	5
实训报告	实验报告工整，项目齐全，结论准确，并能进行分析讨论	10
合计		100

（邱妍川、何　静）

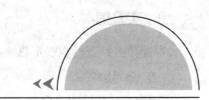

综合实训

实训 二十一 细菌内毒素检查

一、实验目的

1. 学习《中国药典》2010 年版二部附录热原检查方法。
2. 能够正确判断热原检查结果。

二、实验指导

《中国药典》现行版规定热原检查采用家兔法和细菌内毒素检查采用鲎试验法。

（一）热原检查法

由于家兔对热原的反应与人基本相似，目前家兔法仍为各国药典规定的检查热原的法定方法。

《中国药典》现行版规定的热原检查法系将一定剂量的供试品，静脉注入家兔体内，在规定时间内，观察家兔体温升高的情况，以判定供试品中所含热原的限度是否符合规定。检查结果的准确性和一致性取决于试验动物的状况、试验室条件和操作的规范性。供试验用家兔应按药典要求进行选择，以免影响结果。家兔法检测内毒素的灵敏度为 $0.001\mu g/ml$，试验结果接近人体真实情况，但操作繁琐费时，不能用于注射剂生产过程中的质量监控，且不适用于放射性药物、肿瘤抑制剂等细胞毒性药物制剂。

（二）细菌内毒素检查法

细菌内毒素检查法系利用鲎试剂来检测或量化由革兰阴性菌产生的细菌内毒素，以判断供试品中细菌内毒素的限量是否符合规定的一种方法。细菌内毒素的量用内毒素单位（EU）表示。

细菌内毒素检查包括凝胶法和光度测定法两种方法，前者利用鲎试剂与细菌内毒素产生凝集反应的原理来检测或半定量内毒素，后者包括浊度法和显色基质法，系分别利用鲎试剂与内毒素反应过程中的浊度变化及产生的凝固酶使特定底物释放出呈色团的多少来测定内毒素（图 21-1）。

鲎试剂法检查内毒素的灵敏度为 $0.0001\mu g/ml$ 比家兔法灵敏 10 倍，操作简单易行，试验费用低，结果迅速可靠，适用于注射剂生产过程中的热原控制和家兔法不能检测的某些细胞毒性药物制剂，但其对革兰阴性菌以外的内毒素不灵敏，目前尚不能完全代替家兔法。

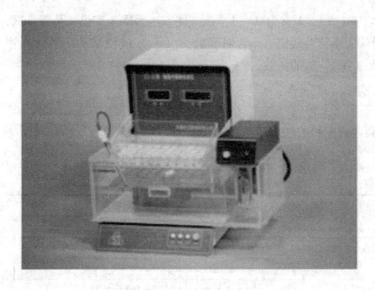

图 21 - 1　细菌内毒素测定仪

三、仪器、试剂

仪器：注射器、烧杯、蒸发皿等。

试剂：鲎试剂、细菌内毒素标准品、细菌内毒素检查用水、5%葡萄糖注射液。

四、实验内容

1. 实验准备

试验所用器皿需经处理，除去可能存在的外源性内毒素，常用的方法是250℃干烤至少1小时，也可用其他适宜的方法，并应确证不干扰细菌内毒素的检查。试验操作过程应防止微生物的污染。

2. 检查法

取装有鲎试剂安瓿5支，用0.1ml的细菌内毒素检查用水复溶后，其中2支加入0.1ml按最大稀释倍数稀释的供试品溶液作为供试品管，1支加入0.1ml用细菌内毒素检查用水将细菌内毒素工作标准品制成的2.0λ浓度的内毒素溶液作为阳性对照管，1支加入0.1ml细菌内毒素检查用水作为阴性对照管，1支加入0.1ml供试品阳性对照溶液〔用被测供试品溶液将同一支（瓶）细菌内毒素工作标准品制成2.0λ浓度的内毒素溶液〕作为供试品阳性对照管。将试管中溶液轻轻混匀后，封闭管口，垂直放入37℃±1℃适宜恒温器中，保温60±2分钟．保温和拿取试管过程应避免受到振动造成假阴性结果。

3. 判断结果

将试管从恒温器中轻轻取出，缓缓倒转180°时，管内凝胶不变形，不从管壁滑脱者为阳性，记录为（＋）；凝胶不能保持完整并从管壁滑脱者为阴性，记录为（－）。供试品管2支均为（－），应认为符合规定；如2支均为（＋），应认为不符合规定；

如2支中1支为（＋），1支为（－），按上述方法另取4支供试品管复试，4支中1支为（＋），即认为不符合规定。阳性对照管为（－）或供试品阳性对照管为（－）或阴性对照管为（＋），试验无效。

五、实验结果

1. 将细菌内毒素检查法所得结果记入表21－1。

表21－1　细菌内毒素检查法结果记录

品名　　　　　　　　批号　　　　　　　　　试验日期

	检品管1	检品管2	阳性对照管	阴性对照管	供试品对照管
鲎试剂	1支	1支	1支	1支	1支
内毒素检查用水	0.1ml	0.1ml	0.1ml	0.2ml	
样品溶液	0.1ml	0.1ml			0.1ml
内毒素标准品溶液			0.1ml		0.1ml
现象					

2. 实验结果判断

本批号＿＿＿＿＿＿＿＿＿注射液，细菌内毒素检查法检查结果：＿＿＿＿＿＿＿。

六、分析与讨论

1. 对于内毒素限值的确定，药典附录有相应计算公式，即当今世界各国普遍采用的细菌内毒素计算公式，即：$L = K/M$，式中 K 为按规定给药途径，人每公斤体重每小时可以接受的不产生任何不良反应的细菌内毒素剂量（亦称致热阈），它基本上是一固定值，药典上对每一给药途径的 K 值都有具体的规定。M 为按规定的给药途径，人每公斤体重每小时给药的最大剂量。这一个值的确定实际上才是计算限值的关键。

2. 原则上一般根据药品使用说明书来确定最大剂量。通常以一次剂量为准，如注明2小时，则除以2，否则均以1小时为准；不足1小时的，也以1小时计；如未给出一次剂量，而是一日剂量，如一日2~4g，分2~4次用，这种情况以计算后的最大剂量，即2g/次计算。用法用量中有成人剂量、儿童剂量、重症剂量时，要体现出最大剂量。通常儿童剂量以 kg 计算时大于成人剂量，所以，此时应用儿童剂量，因为儿童与重症病人更易出现问题，故应更严格。用于感染、肿瘤、心血管、中枢疾患易感的药物建议加上安全系数。复方、输液、工艺易污染者从严，大输液一般计为0.5EU/ml。

七、思考题

1. 细菌内毒素检查法规定，恒温器的温度是多少？如果不按规定温度实验，可能产生什么结果？

2. 细菌内毒素检查法中，为何要设阳性对照管、阴性对照管和供试品阳性对照管？

八、技能考核评价标准

测试项目	技能要求	分值
实训准备	着装整洁，卫生习惯好 正确选择所需的材料及设备，正确洗涤	5
实训记录	正确、及时记录实验的现象、原始数据	5
实训操作	操作： （1）所用器具先进行高温除热原的处理 （2）正确加入各种试剂 （3）保温（37℃）1h	55
实训结果	将试管从恒温器中轻轻取出，缓缓倒转180°时，管内凝胶不变形，不从管壁滑脱者为阳性，凝胶不能保持完整并从管壁滑脱者为阴性。阳性对照管一定为阳性结果，阴性对照管一定为阴性结果。供试品管结果应一致；若结果与此不相符，则试验无效，应重新检测	20
实训清场	按要求清洁仪器设备、实验台，摆放好所用药品	5
实训报告	实验报告工整，项目齐全，结论准确，并能针对结果进行分析讨论	10
合计		100

（邱妍川、何静）

实训 二十二 甲硝唑片溶出度的测定

一、实验目的

1. 掌握片剂溶出度测定的方法，了解测定的重要意义及其应用。
2. 熟悉溶出度测定用于片剂处方筛选的统计学处理方法。

二、实验指导

1. 片剂溶出度是指药片在体外适当的装置和介质中，主药溶出的速度和程度。

2. 测定溶出度的装置和种类较多，选用时都必须注意到该装置的科学性。本法用转篮法测定不同处方或不同批号的甲硝唑片，求出 T50 系数，为评价处方提供依据。

3. 利用 $A = E1\%1cmCL$ 关系，C 的浓度单位为 g/100ml，甲硝唑在 277nm 处的 $E1\%1cm = 377$，通过在 277nm 处测定其 A，就可知道对应甲硝唑的浓度。

4. 为了得到科学的结论，既要说明实验结果的差异主要是由于处方不同或操作不同而造成，并非是实验误差和样品的不均匀性引起，故应对实验数据进行方差分析。

三、仪器、试剂

仪器：溶出仪（图 22 - 1），N752 型紫外分光光度计，烧杯，注射器，量筒等。
试剂：甲硝唑片，0.1mol/L HCL。

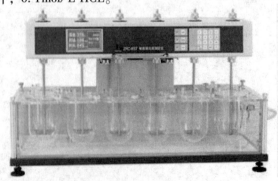

图 22 - 1　智能溶出测定仪

四、实验内容

1. 溶出仪按规定调试好，每批取甲硝唑片样品6片，每组1片，放置于转蓝内，置于900ml的人工胃液当中进行溶出实验，分别在5、10、20、30、40、60、90、120分钟定时定位采样5ml，同时补加5ml人工胃液，以保证溶出杯内介质900ml不变。

2. 分别取定时定位采取的5ml样品，滤过，置刻度试管内1ml，然后用人工胃液定容至10ml，用人工胃液作空白，置波长为277nm处测定其吸光度A值。每组应有8个时间点的A值。

五、实验结果

（1）每组数据的记录和处理

样品		品名：			厂家：			标示量：	
时间	0	5	10	20	30	40	60	90	120
A									
C									
X									
X校正									
溶出%									

（2）采用溶出% – t作图，每组求参数 T_{50}。

六、分析与讨论

（1）结果判断：6片（个）中每片（个）的溶出量，按标示含量计算，均应不低于规定限度（Q）；除另有规定外，限度（Q）为标示含量的70%。如6片（个）中仅有1~2片（个）低于规定限度，但不低于Q–10%，且其平均溶出量不低于规定限度时，仍可判为符合规定。如6片（个）中有1片（个）低于Q–10%，应另取6片（个）复试；初、复试的12片（个）中仅有1~2片（个）低于Q–10%，且其平均溶出量不低于规定限度时，亦可判为符合规定。供试品的取用量如为2片（个）或2片（个）以上时，算出每片（个）的溶出量，均不得低于规定限度（Q）；不再复试。

（2）普通片剂45min溶出百分率应在70%以上。

七、思考题

1. 实验中，溶出介质首先应进行脱气处理，为什么须进行脱气？

2. 脱气的方法？

八、技能考核评价标准

测试项目	技能要求	分值
实训准备	着装整洁，卫生习惯好。 正确选择所需的材料及设备，正确洗涤	5
实训记录	正确、及时记录实验的现象、原始数据	5
	操作： （1）安装实验装置 （2）将药片放入转篮并置于人工胃液中开始计时 （3）规定时间取样	30
	定量方法： （1）取样后进行过滤，取1ml滤液用人工胃液稀释至10ml （2）在277nm处测定甲硝唑的紫外吸光度	15
	溶出曲线的制备： （1）计算相应数据 （2）绘制溶出曲线	15
	由溶出曲线求参数 T_{50}	15
清场	按要求清洁仪器设备、实验台，摆放好所用药品	5
实训报告	实验报告工整，项目齐全，结论准确，并能针对结果进行分析讨论	10
合计		100

（邱妍川、杨宗发）

实训 二十三 软膏剂的体外释药试验

一、实验目的

1. 掌握不同类型基质的制备方法。
2. 了解不同类型基质对软膏中药物释放的影响。

二、实验指导

软膏剂是指药物与适宜基质均匀混合制成具有适当稠度的半固体外用剂型。基质主要起着软膏剂赋形剂的作用，常用的基质有油脂性基质、乳剂型基质以及水溶性基质三类。

软膏剂的制法有研合法、熔和法和乳化法。

研和法是基质的各组分及药物在常温下能均匀混合时常用方法，由于制备过程中不加热，故也适用于不耐热的药物。操作时，先取适量的基质与药物粉末研和成糊状，再按等量递加的原则与其余基质混匀，至涂于手背上无颗粒感为止。

熔和法是基质的各组分及药物在常温下不能均匀混合，特别是含有固体基质时常用，这也是大量生产油脂性基质软膏剂时常采用的方法。操作时，先将熔点最高的基质加热熔化，再按熔点高低顺序逐渐加入其余的基质，当基质全部熔化混匀后，加入药物使其溶解或混悬于基质中，并不断搅拌直至冷凝（以免不溶性药粉下沉使其分散不匀）。

乳化法是专门用于制备乳剂型基质软膏剂的方法。操作时，将处方中油脂性组分合并加热熔化成液体，作为油相，保持油相温度在80℃左右；另将水溶性组分溶于水中，并加热至与油相同温或略高于油相温度（可防止两相混合时油相中的组分过早凝结），混合油、水两相并不断搅拌，直至乳化完全并冷凝成膏状物即得。

对于软膏基质的评价，除以其熔点、酸碱度、粘度、稳定性和刺激性外，其释药性能的测定也是重要方面，不同种类的基质对于药物的释放也有差异。

本实验是采用水杨酸为药物，制成不同类型的软膏，以评价其药物的释放（图23-1）。

三、仪器、试剂

仪器：N752 型紫外分光光度计、乳钵、烧杯、蒸发皿、玻璃管、玻璃纸等。

试剂：水杨酸、羊毛脂、石蜡、凡士林、硬脂酸、凡士林、液体石蜡、月桂醇硫酸钠、甘油、淀粉、三氯化铁等。

四、实验内容

（一）软膏的制备

1. 单软膏

【处方】

水杨酸	0.5g
羊毛脂	0.5g
石蜡	1g
凡士林	8.5g

【制法】

取石蜡在水浴上加热溶化后，逐渐加入羊毛脂与凡士林继续加热，使完全熔和，不断搅拌至冷，备用。另取乳钵，加研细的水杨酸 0.5g，分次加入以上基质 9.5g，研匀，即得单软膏。

2. O/W 型乳剂型基质软膏

【处方】

水杨酸	0.5g
硬脂酸	1.8g
凡士林	2.0g
液体石蜡	1.2ml
月桂醇硫酸钠	0.2g
甘油	0.1ml
纯化水	15ml

【制法】

取油相成分（硬脂酸，凡士林，液体石蜡）置蒸发皿中，于水浴加热至 80℃；另取水相成分（月桂醇硫酸钠，甘油，纯化水）于小烧杯中，水浴加热至 80℃，在等温下将水相成分以细流状加入油相成分中，在水浴上继续加热搅拌 10 分钟，然后在室温下继续搅拌至冷凝，备用。另取乳钵，加研细的水杨酸 0.5g，分次加入以上基质 9.5g，研匀，即得 O/W 型乳剂型基质软膏。

3. 水溶性基质软膏

【处方】

水杨酸	0.5g
淀粉	1.0g
甘油	8.0ml
纯化水	2.0ml

【制法】

取淀粉加溶水混匀，再加入甘油于水浴上加热使充分糊化，备用。另取乳钵，加研细的水杨酸0.5g，分次加入以上基质9.5g，研匀，即得水溶性基质软膏。

4. 凡士林软膏

【处方】

水杨酸	0.5g
凡士林	9.5g

【制法】

取研细的水杨酸0.5g，于乳钵中，分次加入凡士林9.5g，即得。

（二）药物释放试验

1. 取上面制得的水杨酸软膏，分别置于内径约为2cm的短玻璃管内（高度经为2cm），管的一端用玻璃纸封贴上并用线绳扎紧，玻璃纸与软膏之间密贴，无气泡。

2. 将上述短玻璃管按封贴玻璃面向下置于装有100ml、37℃纯化水的大试管中，（大试管置于37±1℃的恒温水浴中）定时取样，每次5ml，并同时补加5ml纯化水，测定样品中水杨酸含量。

3. 水杨酸的含量测定：取各时间的样品液5ml，加入三氯化铁1ml，另取蒸馏水5ml，加显色剂1ml作为空白。在530nm波长下测其吸光度，以吸光度对时间作图，即可得到该基质的水杨酸软膏的释放曲线。

五、实验结果

1. 数据记录与处理见表24-1。

表 24 – 1　不同基质不同时间水杨酸的吸光度

时间　　　基质 　　　A	单软膏	O/W 型乳剂型 基质软膏	水溶性基质软膏	凡士林软膏
30 分钟				
60 分钟				
90 分钟				
120 分钟				
150 分钟				

2. 以释药量对时间作图，得不同基质的水杨酸软膏的释放曲线，讨论四种基,质中药物释放速度的差异。

六、分析与讨论

1. 加入水杨酸时，基质温度宜低，以免水杨酸挥发；另外，温度过高下加入，当冷凝后常会析出粗大的药物结晶；制备中应避免与金属器具接触以防水杨酸变色。

2. 水杨酸遇 Fe^{3+} 可变成紫色；多种金属离子能促使水杨酸氧化为醌式结构的有色物质，故配制及贮存时禁与金属器具接触。

七、思考题

1. O/W 型乳剂基质中加入凡士林除作为油相外，有何医疗作用？

2. O/W 型乳剂基质常用哪几种乳化剂？

3. 试分析各种基质影响水杨酸释放的因素？

八、技能考核评价标准

测试项目	技能要求	分值
实训准备	着装整洁，卫生习惯好。 正确选择所需的材料及设备，正确洗涤	5
实训记录	正确、及时记录实验的现象、原始数据	5
实训操作	正确称量药物	5
	不同基质软膏的制备： （1）单软膏制备方法正确 （2）O/W 型乳剂基质软膏制备方法正确 （3）水溶性基质软膏制备方法正确 （4）凡士林软膏制备方法正确	20

测试项目	技能要求	分值
实训操作	药物释放实验： （1）装管：将四种软膏装于短玻璃管，管的一端用玻璃纸封贴上并用线绳扎紧，要求玻（2）璃纸与软膏之间密贴，无气泡 （3）调试装置：短玻璃管置于大试管中，水温控制波动范围小 （4）在555nm处测定酚红的紫外吸光度：能正确使用紫外分光光度仪	15
	标准曲线的制备： （1）制标准品液：操作正确无误 （2）紫外测定：能正确使用紫外分光光度仪 （3）计算：要求正确无误 （4）绘制标准曲线图：能正确绘制标准曲线	15
成品质量	（1）单软膏：均匀、细腻的淡黄色半固体 （2）O/W型乳剂基质软膏：白色细腻的半固体 （3）水溶性基质软膏：白色的半固体 （4）凡士林软膏：细腻的淡黄色半固体	15
清场	按要求清洁仪器设备、实验台，摆放好所用药品	10
实训报告	实验报告工整，项目齐全，结论准确，并能针对结果进行分析讨论	10
合计		100

（伍　彬、李思平）

实训 二十四 单室模型模拟试验

一、实验目的

1. 掌握单室模型模拟的实验方法。
2. 掌握用血药浓度和尿排泄数据计算药物动力学参数的方法。

二、实验指导

1. 血药浓度

若药物在体内的分布符合单室模型，且按表观一级动力学从体内消除，则快速静脉注射时，药物从体内消失的速度为：

$$\frac{dX}{dt} = -KX \tag{1}$$

式中 X 为静注后 t 时间的体内药量，K 为该药的表观一级消除速度常数。

将（1 式）积分得：

$$X = X_0 e^{-kt} \tag{2}$$

用血药浓度表示为：

$$C = C_0 e^{-kt} \tag{3}$$

两边取对数得：

$$\log C = \log C_0 - \frac{kt}{2.303} \tag{4}$$

式中 C_0 为静注后最初的血药浓度。以 $\log C$ 对 t 作图应为一直线。消除速度常数 K 可由该直线的斜率等式于 $-\frac{k}{2.303}$ 的关系而求了。C_0 可以从这条直线外推得到，用这个截距 C_0 可处出表观分布容积：

$$V = \frac{X_0}{C_0} \tag{5}$$

2. 尿排泄数据

药物的消除动力学常数也可从尿排泄数据来求算。为此，要求至少有部分药物以原形排泄，考虑到药物从体人消除的途径，有一部分采取肾排泄，另一部分以生物转化或胆汁排泄等非肾的途径消除。

设 X_u 为原形消除在尿中的药量，K_e、K_{nr} 分别为肾排泄和非肾途径消除的表观一级速度常数。由：

$$K = K_e + K_{nr} \tag{6}$$

则原形药物的排泄速度为：

$$\frac{dXu}{dt} = k_e X_0 \tag{7}$$

将（2）式中的 X 值代入（7）式得：

$$\frac{dXu}{dt} = k_e X_0 e^{-kt} \tag{8}$$

（8）式取对数得：

$$\log \frac{dXu}{dt} = \log (k_e X_0) - \frac{kt}{2.303} \tag{9}$$

由于用实验方法求出的尿药排泄速度不是瞬时速度的 dX_u/dt，而是一段有限时间内的平均速度 $\Delta X_u / \Delta t$，用 $\Delta X_u / \Delta t$ 代替（9）式中的 $\frac{dXu}{dt}$，并以集尿中点时间（$t_{中}$）对平均速度的对数作图为一条直线，其斜率为 $-\frac{kt}{2.303}$，与血药浓度法所求的分斜率相同。故药物的消除速度常数可从血药浓度、尿排泄数据求出。

三、仪器、试剂

仪器：N752 型紫外分光光度计、磁力搅拌器、烧杯、容量瓶、三角瓶、注射器、量筒等。

试剂：酚红、0.2mol/L 的 NaOH。

四、实验内容

单室模拟装置为带有两支管的三角烧瓶（相当于人体体循环），当把药物（用酚红代替）注入烧瓶中后，用蠕动泵将水以一定的流速注入烧瓶中，药物不断地从两支管中清除，两支管理清除的药量可看到肾脏清除和非肾脏清除的药量。

1. 操作

将纯水盛满三角瓶中，开动磁力搅拌器（图 24-1），以每分钟大约 6~8ml 的流速将纯水注入三角瓶中，调试稳定后，用移液管吸取 0.1% 的酚红供试液 10ml 加入三角瓶底部，并瞬间搅匀，此时间记为 0 时刻，以后每隔 10 分钟自三角瓶内同一位置吸取 2ml 供试液作为血药浓度测定用，同时定量收集不同时间段内由侧管流出的试液作为尿排泄数据的测定。

2. 定量方法

取 2ml 供试液，加 0.2mol/L 的 NaOH 液至 10ml，在 555nm 处测定酚红的吸光度，并求出浓度。如果吸光度超过，可在此 10ml 基础之上，进一步稀释一定倍数，直

图 24-1 强力搅拌器

至测定出该吸光度为止。

五、实验结果

将血药浓度数据和尿排泄数据列于表 24 – 1 和表 24 – 2。

表 24 – 1　血药浓度数据

取样时间（分）	10	20	30	40	50	60	70
吸光度							
浓度							
校正浓度							

表 24 – 2　尿排泄数据

取样时间（分）	0 ~ 10	10 ~ 20	20 ~ 30	30 ~ 40	40 ~ 50	50 ~ 60	60 ~ 70
体积数							
吸光度							
$\triangle X_u$							
校正后的 $\triangle X_u$							
$\triangle t$							
t_m							

$$t_m = \frac{ti + t_{i-1}}{2}$$

分别用表 24 – 1、表 24 – 2 两组实验数据计算药物动力学参数。

六、分析与讨论

1. 单室模型药物静脉注射给药后，在体内没有吸收过程，迅速完成分布，药物只有消除过程，而且药物的消除速度与体内该时刻的药物浓度成正比。

2. 生物间衰期除了与药物本身特性有关，还与用药者的机体条件有关。生理及病理能够影响药物的半衰期，肾功能不全或肝功能受损者，均可使药物的间衰期延长。

3. 采用尿排泄数据求算药物动力学参数符合以下条件：大部分药物以原形从尿中排泄；药物经肾排泄过程符合一级速度过程，即尿中原形药物产生的速度与体内当时的药量成正比。

4. 以尿药排泄速度作图时，常常不是采用相同的时间间隔收集尿样。已知收集尿样的时间间隔超过 1 倍半衰期将有 2% 误差，2 倍为 8%，3 倍为 19%。因此，只要采样时间间隔小于 2 倍半衰期，则产生的误差不大。

七、思考题

1. 单室模型有何特征？

2. 血药浓度法可求得哪些药动学参数？

3. 速度法与亏量法各有何优点？

八、技能考核评价标准

测试项目	技能要求	分值
实训准备	着装整洁，卫生习惯好 正确选择所需的材料及设备，正确洗涤	5
实训记录	正确、及时记录实验的现象、原始数据	5
实训操作	正确称量药物。	5
	操作： （1）安装实验装置 （2）按规定时间取样	20
	定量方法： （1）取 2ml 供试液，加 0.2mol/L 的 NaOH 液至 10ml （2）在 555nm 处测定酚红的紫外吸光度	15
	标准曲线的制备： （1）制标准品液 （2）紫外测定 （3）计算 （4）绘制标准曲线图	15
	实验数据与处理： （1）血药浓度法计算药动学参数 （2）尿排泄数据法计算药动学参数	15
清场	按要求清洁仪器设备、实验台，摆放好所用药品	5
实训报告	实验报告工整，项目齐全，结论准确，并能针对结果进行分析讨论	10
合计		100

（何　静　杨宗发）

实训 二十五 血药浓度法测定静注给药的药动学参数

一、实验目的

1. 掌握用血药浓度法测定药物动力学参数的方法。
2. 掌握两室模型药物静注给药的药动学参数测定方法，求解氨茶碱药动学参数。

二、实验指导

氨茶碱静注后，其体内血药浓度 – 时间曲线呈两室模型曲线特征。若药物在体内呈两室模型分布；药物消除仅发生在中室，并符合表观一级动力学过程，则脉注射给药后血药浓度经时变化公式为：

$$C = Ae^{-\alpha t} + Be^{-\beta t} \tag{1}$$

其中：

$$A = \frac{X0(\alpha - k21)}{Vc(\alpha - \beta)} \tag{2}$$

$$B = \frac{X0(k21 - \beta)}{Vc(\alpha - \beta)} \tag{3}$$

氨茶碱静注后，定时测定血药浓度，并由测定的血药浓度数据先拟合出混杂参数 α、β、A 和 B，然后再进一步计算药动学隔室模型参数。

由式（1）可看出，两室模型静脉注射的血药浓度公式为一双指数函数，其 lgC – t 曲线如图 25 – 1 所示。一般使用"残数法"求解药动学参数。

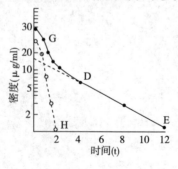

图 15 – 1　lgc – t 曲线图

1. α、β、A、B、$t_{1/2}$的计算

根据血药浓度公式（1），因 α > β，故当 t 充分大时，已先趋于零，而 $e^{-\beta t}$仍有一定值，则式（1）可化简为：

$$C = Be^{-\beta t} \tag{4}$$

取对数

$$\lg C = \lg B - \frac{\beta t}{2.303} \tag{5}$$

如上图所示，曲线末端（DE）呈直线，此时预示已进入"消除相"，故符合式（5）。将末段的血药浓度数据按式（5）求回归直线（消除直线）方程，由斜率可求出 β 值；由截距可求得 B 值。两室模型药物理学的生物半衰期 $t_{1/2(\beta)}$可由下式计算：

$$t_{1/2(\beta)} = \frac{0.693}{\beta} \tag{6}$$

随后可用"残数法"继续求解 α、β 值。将式（1）改写为：

$$C - Be^{-\beta t} = Ae^{-\alpha t} \tag{7}$$

令残数浓度 $C_r = C - Be^{-\beta t}$，则上式为：

$$C_r = Ae^{-\alpha t} \tag{8}$$

取对数：

$$\lg C_r = \lg A - \frac{\alpha t}{2.303} \tag{9}$$

残数浓度（C_r）值的求取，可由末端数据之前（分布相）的实测浓度值减去相应时间消除直线的外推残数浓度计算得出。以 $\lg C_r$对 t 作图，以得一直线。由残数浓度数据按式（9）求回归方程，由斜率可求出 α 值；同截距右求得 A 值。

步骤小结如下：

（1）根据曲线，划分"分布相"与"消除相"。

（2）由"消除相"血药浓度数据，求回归直线方程，并求出 β 与 B 值。

（3）由上述消除直线方程求出外推线浓度并计算残数浓度 Cr，记录于表3。

（4）由"分布相"残数浓度数据，求回归直线方程，并求出 α 与 A 值。

2. 药动学隔室模型参数的求算

由混杂参数 α、β、A 和 B 可求出药动学隔室模型参数 k_{10}、k_{12}与 k_{21}

$$k_{21} = \frac{A\beta + B\alpha}{A + B} \tag{10}$$

$$k_{10} = \frac{\alpha\beta}{k21} \tag{11}$$

$$k_{12} = \alpha + \beta - k_{21} - k_{10} \tag{12}$$

中室的表观分布容积 V_c与表观分布容积 V 可由下式得出：

$$V_c = \frac{X0}{A + B} \tag{13}$$

$$V = \frac{Vck10}{\beta} \tag{14}$$

血药浓度－时间曲线下面积 AUC 可由积分法或梯形面积法求出，积分法公式为：

$$AUC_{0\to\infty} = \frac{A}{\alpha} + \frac{B}{\beta} \tag{15}$$

三、仪器与材料

仪器：紫外分光光度计，旋涡混合器，离心机，具塞试管，注射器，刀片等。

材料：氨茶碱注射液，5% 葡萄糖注射液，0.1mol/L 盐酸溶液，0.1mol/L 氢氧化钠溶液，三氯甲烷－异丙醇（95∶5），75% 乙醇等。

四、实验内容

（一）标准曲线的制备

配制 10μg/ml 的氨茶碱标准储备液。精密吸取标准储备液 0.1、0.2、0.4、0.6、0.8、1.0ml 置具塞试管中，并加纯化水至 1ml，各加入空白兔血清 0.5ml，配成相当于血清药物的浓度 2、4、8、12、16、20μg/ml 的标准样液。在试管中加入 0.1mol/L 盐酸溶液 0.2ml，于旋涡混合器上混匀后，再加入三氯甲烷－异丙醇（95∶5）溶液 5.0ml，密塞，振摇混合，以 2500r/min 离心 20 分钟。精密吸取下层液 4.0 ml 置另一具塞试管中，加入 0.1mol/L 氢氧化钠溶液 4.0ml，振摇混合，以 2500r/min 离心 10 分钟。取上清液 3 ml，于紫外分光光度计上，以 2 ml 纯化水加 4 ml 0.1mol/L 氢氧化钠溶液作参比，在 274nm 和 298nm 波长处分别测定吸收度（A_{274} 和 A_{298}），计算 ΔA（$A_{274} - A_{298}$）并记录于表 1。以 ΔA 为纵坐标，C（血药浓度，μg/ml）为横坐标绘制标准曲线，并求出标准曲线回归方程。

（二）给药与取样

选取体重 2.5～3kg 的健康家兔，实验前禁食一夜。将氨茶碱注射液先用 5% 葡萄糖注射液稀释 5～10 倍，按 15 mg/kg 的剂量，由兔耳静脉推注。给药后，于 0.25、0.5、1、2、3、6、8 小时取兔耳静脉血约 2 ml，置试管中。

（三）血清中氨茶碱浓度的测定

将血样以 2500r/min 离心 20 分钟后，使血清分离，吸取 0.5 ml 血清样品，置具塞试管中，加纯化水 1.0 ml，混匀。经下按标准曲线的制备项下的方法，自"在试管中加入 0.1mol/L 盐酸溶液 0.2ml……"起，依法测定吸收度。将 ΔA 值代入标准曲线回归方程，求出血清中氨茶碱浓度并记录于表 25－2。

五、实验结果

（一）实验记录与数据处理

1. 标准曲线的制备

表 25 -1　标准曲线数据表

氨茶碱血药浓度，μg/ml	2	4	8	12	16	20
A_{274}						
A_{298}						
ΔA						

（1）绘制标准曲线。

（2）计算标准曲线回归方程。

2. 氨茶碱血药浓度数据及其计算

表 25 -2　血药浓度测定数据

t，小时	0.25	0.5	1	2	3	4	6	8
A_{274}								
A_{298}								
ΔA								
C，μg/ml								
lgC								

（二）氨茶碱药动学参数的计算

1. 作图 C - t 图与 lgC - t 图。

2. 计算混杂参数 α、β、A、B

（1）根据曲线，划分"分布相"与"消除相"。

（2）由"消除相"血药浓度数据，求回归直线方程，并求出 β 与 B 值。

（3）由上述消除直线方程求出外推线浓度并计算残数浓度 Cr，记录于表 25 - 3。

（4）由"分布相"残数浓度数据，求回归直线方程，并求出 α 与 A 值。

表 25 -3　血药浓度与残数浓度数据表

t，小时	C，μg/ml	lgC	外推浓度，μg/ml	C_r，μg/ml	lg C_r
0.25					
0.5					
1					
2					
3					
4					
6					
8					

3. 求解药动学参数

（1）计算药动学隔室模型参数 k_{21}、k_{10}、k_{12}。

（2）计算中室与总体表观分布容积（Vc 与 V）。

（3）计算生物半衰期 t1/2（β）。

（4）分别按积分法和梯形面积法计算血药浓度 – 时间曲线下面积 AUC 值。

表 25 – 4 氨茶碱静注后的药物动力学参数

A	B	α	β	k_{12}	k_{21}	k_{10}
μg/ml	μg/ml	h^{-1}	h^{-1}	h^{-1}	h^{-1}	h^{-1}

Vc	V	$t_{1/2(\beta)}$	AUC（积分法）	AUC（梯形法）
L	L	h	μg·h/ml	μg·h/ml

六、分析与讨论

1. 氨茶碱为茶碱与乙二胺的复盐，易溶于水，几乎不溶于乙醇与乙醚。氨茶碱在体液中分离出茶碱，在酸性条件下，可用有机溶剂从血清中提取茶碱，并同时沉淀血清蛋白；再用碱液把茶碱从有机溶剂中提出进行浓度测定。

2. 氨茶碱血药浓度测定方法采用紫外双波长法，即分别于 λ274 和 λ298 处测定提取液的吸收度（A），其中 A274 仅为茶碱和本底的吸收度，而 A298 仅为本底的吸收度，故茶碱的吸收度为 ΔA = A274 – A298。该法省去了以空白血清作对照品，尤其对于临床血药浓度监测不易采取病人空白血样时，具有实用价值。

3. 用三氯甲烷 – 异丙醇溶液提取血清中茶碱时，在旋涡混合器上混合的时间不宜过长，否则样品与有机溶剂会发生乳化，将影响分离提取效果以及测定结果。

4. 家兔静注给药方法：先在兔耳缘静脉处剪毛，用 75% 乙醇涂擦注射部位；以左手示指放在耳下作垫，并以拇指压住耳边缘部分，右手持注射器，从静脉末端继向心脏方向刺入血管约 1cm，推动针栓注药。注毕，用药棉压住针眼，拔出针头，继续轻压几分钟，以防出血。

5. 本实验也适用于测定氨茶碱片剂口服给药的药动学参数。但利用家兔测定两室模型药物口服给药的药动学参数时，在取样点及时间间隔的安排上较难把握，故氨茶碱口服给药常按单室模型拟合求解其药动学，往往可得到较满意的效果。

七、思考题

1. 做好本实验的关键是什么？操作中应注意哪些问题？

2. 何为残数法？在什么情况下没定药动学参数要利用残数法？

八、技能考核评价标准

测试项目	技能要求	分值
实训准备	着装整洁，卫生习惯好 正确选择所需的材料及设备，正确洗涤	5
实训记录	正确、及时记录实验的现象、原始数据	5
实训操作	正确称量药物 按时完成	10
	标准曲线的制备： （1）配制 $10\mu g/ml$ 的氨茶碱标准储备液 （2）配制样品液 （3）紫外测定 （4）计算 （5）绘制标准曲线，求出回归方程	20
	给药与取样： （1）按 15 mg/kg 的剂量，由兔耳静脉推注 （2）0.25、0.5、1、2、3、6、8h 取兔耳静脉血约 2 ml，置试管中	15
	血清中氨茶碱浓度的测定： （1）制备样品液 （2）紫外测定 （3）计算与记录	15
	实验结果： （1）实验记录与数据处理 （2）氨茶碱药动学参数的计算	15
清场	按要求清洁仪器设备、实验台，摆放好所用药品	5
实训报告	实验报告工整，项目齐全，结论准确，并能针对结果进行分析讨论	10
合计		100

（何 静、伍 彬）

实 训 二十六 血药浓度法测定口服给药的 药动学参数

一、实验目的

1. 掌握用血药浓度法测定制剂生物利用度的方法。
2. 掌握单室模型药物血管外给药的药动学参数测定方法。

二、实验指导

测定药物制剂的生物利用度目前多采用血药浓度法与尿药浓度法。由于测定血药浓度可获得瞬时数据，故采用血药浓度法测定生物利用度较为理想。本实验以对乙酰胺基酚为模型药物，测定其在家兔体内的药动学参数与相对生物利用度。

生物利用度是指"药物或制剂服用后，主药被吸收进入血液循环的相对数量和速度"。生物利用度是评价药物制剂体内质量的重要的指标。在制剂研制以及临床用药时经常测定制剂的绝对或相对生物利用度。绝对生物利用度的测定是以静脉注射制剂作为标准参比制剂；而相对生物利用度常采用口服溶液制剂，或市场认可、吸收较好且临床有效的制剂作为标准参比制剂。

在评价生物利用度的参数中，绝对生物利用度常用血药浓度—时间曲线下面积（AUC）或尿药排泄总量（X_u^∞）的相对比值（F）来反映吸收程度；相对生物利用度则常用 AUC 或 X_u^∞ 的相对比值（F_r）来反映吸收程度，用血药浓度达峰时间 t_{max}、峰浓度 C_{max} 或 k_a 值来反映吸收的相对速度。

1. 单室模型药物口服给药药动学参数计算方法

若药物在体内分布符合单室模型，口服给药时，药物以接近一级的吸收速度进入体内，并按一级速度消除。则血药浓度经时变化公式为：

$$C = \frac{kaFX0}{V(ka-k)}(e^{-kt} - e^{-k_a t}) \tag{1}$$

式中　C——t 时间血药浓度；

　　　k_a——表观一级吸收速度常数；

　　　k——表观一级消除速度常数；

　　　V——表观分布容积；

　　　X_0——给药剂量；

F——药物的吸收分数（$0 \leqslant F \leqslant 1$），绝对生物利用度。

单室模型药物口服给药后，由测得血药浓度数据，常用"残留法"求解药物动力学参数。单室模型药物口服的血药浓度公式（1）为二项指数式，可写成以下形式：

$$C = \frac{kaFX0}{V(ka - k)}\, e^{-kt} - \frac{kaFX0}{V(ka - k)}\, e^{-kat} \tag{2}$$

假设 $k_a > k$（这符合大多数药物的情况，因为一般药物制剂的吸收半衰期总是比较短，常为 0.2 ~ 4 小时，而药物的消除半衰期则要长一些，常为 1 ~ 30 小时），当 t 充分大时，式中 $e^{-k_a t}$ 必然先趋近于零，但此时 e^{-kt} 仍保持一定值。则上式可化简为：

$$C = \frac{kaFX0}{V(ka - k)}\, e^{-kt} \tag{3}$$

取对数：

$$\lg C = \lg \frac{kaFX0}{V(ka - k)} - \frac{kt}{2.303} \tag{4}$$

因此，将实测血药浓度数据作为 lgC – t 图。如图 26 – 1 所示，曲线末段（AB）呈直线，故将末段的血药浓度数据按式（4）求回归直线（消除直线）方程，由斜率可求出 k 值与 $t_{1/2}$ 值。

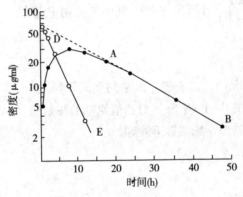

图 26 – 1 lgc – t 图

随后可应用"残数法"继续求 k_a 值。残数浓度（C_r）可由下式得出：

$$C_r = \frac{kaFX0}{V(ka - k)}\, e^{-kt} - C = \frac{kaFX0}{V(ka - k)}\, e^{-k_a t} \tag{5}$$

取对数：

$$\lg C_r = \lg \frac{kaFX0}{V(ka - k)} - \frac{kat}{2.303} \tag{6}$$

残数浓度 C_r 值的求取，可由消除直线回归方程计算出末段数据之前（吸收相）各取样时间的外推线浓度，减去相应时间的实测浓度值而得出，然后 $\lg C_r$ 对 t 作图，又得一直线（DE）。由残数浓度数据按式（6）求回归直线（参数直线）方程，由斜率可求出 k_a 值；在 X_0 及 F 已知的条件下，可由截据求得 V 值。

步骤小结如下：

（1）根据 $\lg C - t$ 曲线，划分"分布相"与"消除相"。

（2）由"消除相"血药浓度数据，求回归直线方程，并求出 k 值与 $t_{1/2}$ 值。

（3）由上述消除直线方程求出外推线浓度并计算残数浓度 C_r，记录于表3。

（4）由"分布相"残数浓度数据，求回归直线方程，并求出 k_a 值。

2. 相对生物利用度的评价

本实验室以对乙酰氨基酚溶液作为标准参比制剂，测定其片剂（试验制剂）的相对生物利用度。将片剂、溶液口服后测得的血药浓度数据分别按下列过程计算药动学参数，并求出相对生物利用度。

（1）计算相对生物利用度的吸收程度 根据梯形法公式，分别计算片剂与溶液的 AUC 值，按式 $F_r = \dfrac{(AUC0 \to \infty) \text{试} . X0 \text{标}}{(AUC0 \to \infty) \text{标} . X0 \text{试}} \times 100\%$ 算出片剂（试验制剂）的 F_r 值。其中给药剂量应以 g/kg 体重计。

（2）计算相对生物利用度的吸收速度 分别计算口服片剂与溶液的 t_{max} 与 C_{max} 值。计算 C_{max} 时 F 可用 F_r 替代。

（3）计算表观分布容积 可由上述计算过程中"消除直线"或"残数直线"回归方程中的截距 $\lg \dfrac{kaFX0}{V(ka - k)}$ 计算出 V 值。其中 F 可用 F_r 替代。

三、仪器与材料

仪器：紫外分光光度计，离心机，具塞刻度试管等。

材料：对乙酰氨基酚片剂（0.5g）对乙酰氨基酚注射液（1ml：0.075g 或 2ml：0.5g），0.12mol/L 氢氧化钡溶液，2% 硫酸锌溶液等。

四、实验内容

（一）标准曲线的制备

1. 配置标准储备液

精密称取对乙酰氨基酚标准品 250mg，置 500ml 量瓶中，以纯化水溶解后，加纯化水稀释至刻度，摇匀；再精密吸取上述溶液 10ml，置 50ml 量瓶中，用纯化水稀释至刻度，摇匀，即得 $100\mu g/ml$ 的对乙酰氨基酚标准储备液。

2. 制备标准曲线

精密量取上述标准储备液 1、2、4、6、8、10ml 分别置 10ml 量瓶中，加纯化水至刻度，摇匀，再各取 1ml 置 10ml 具塞刻度试管中，各加入空白兔血清 0.5ml 配成相当于对乙酰氨基酚血清药物浓度 20、40、80、120、160、200μg/ml 的标准样液；在试管中加入 0.12mol/L 氢氧化钡溶液 3.5ml，摇匀，以 2500r/min 离心 10 分钟，取上清液 3.5～4ml（如有些样品仍浑浊可过滤），以纯化水 1ml 加 0.5ml 空白兔血清按同法操作所得样品为参比，于紫外分光光度计，在 245nm 波长处测定标准样液吸收度（A）记录于表 26－1。以 A 为纵坐标，C（血药浓度，μg/ml）为横坐标绘制标准曲线回归方程，备用。

表 26-1　标准曲线测定数据

对乙酰氨基酚血药浓度，μg/ml	20	40	80	120	160	200
A						

（二）给药与取样

选取体重 2.5～3.0kg 的健康家兔，实验前禁食一夜；给药前，先由兔耳静脉取空白血药约 2ml，置试管中；然后给家兔口服对乙酰氨基酚溶液。给药后于 0.25、0.5、1.0、1.5、2.0、3.0、4.0、5.0、7.0 小时取兔耳静脉血约 2ml，置试管中。

（三）血清中对乙酰胺基酚的测定

将所取血样置 37℃水浴中保温 1 小时，取出，以 3000r/min 离心 10 分钟，取血清 0.5ml 置 10ml 具塞刻度试管中，以下按制备标准项下的方法，自"在试管中加入 0.123mol/L 氢氧化钡溶液 3.5ml……"起操作，并以空白血清按同样操作所得样为参比，于紫外分光光度计，在 245nm 波长处测定吸收度（A），代入标准曲线回归方程，计算出血清中对乙酰氨基酚浓度，并记录于表 26-2。

五、实验结果

（一）实验记录与数据处理

1. 标准曲线的制备

（1）绘制标准曲线。

（2）计算标准曲线回归方程。

2. 对乙酰氨基酚口服给药后血药浓度数据

表 26-2　对乙酰氨基酚口服给药的血药浓度数据

t，小时	片剂		溶液	
	A	C，μg/ml	A	C，μg/ml
0.25				
0.5				
1.0				
1.5				
2.0				
3.0				
4.0				
5.0				
7.0				

（二）药动学参数与相对生物利用度的计算

本实验室以对乙酰氨基酚溶液作为标准参比制剂，测定其片剂（试验制剂）的相对生物利用度。将片剂、溶液口服后测得的血药浓度数据分别按下列过程计算药动学参数，并求出相对生物利用度。

1. 作图 $C-t$ 图与 $\lg C-t$ 图。

2. 计算药动学参数 k、k_a、$t_{1/2}$ 及 V 值

（1）根据 $\lg C-t$ 曲线，划分"分布相"与"消除相"。

（2）由"消除相"血药浓度数据，求回归直线方程，并求出 k 值与 $t_{1/2}$ 值。

（3）由上述消除直线方程求出外推线浓度并计算残数浓度 C_r，记录于表 26-3。

（4）由"分布相"残数浓度数据，求回归直线方程，并求出 k_a 值。

表 26-3 对乙酰氨基酚血药浓度与残数浓度数据表

t, 小时	片剂			溶液		
	C	外推线浓度	C_r	C	外推线浓度	C_r
	μg/ml	μg/ml	μg/ml	μg/ml	μg/ml	μg/ml
0.25						
0.5						
1.0						
1.5						
2.0						
3.0						
4.0						
5.0						
7.0						

3. 相对生物利用度的评价

（1）计算相对生物利用度的吸收程度 根据梯形法公式，分别计算片剂与溶液的 AUC 值，按式 $F_r = \dfrac{(AUC0 \to \infty)_{试} \cdot X0_{标}}{(AUC0 \to \infty)_{标} \cdot X0_{试}} \times 100\%$ 算出片剂（试验制剂）的 F_r 值。其中给药剂量应以 g/kg 体重计。

（2）计算相对生物利用度的吸收速度 分别计算口服片剂与溶液的 t_{max} 与 C_{max} 值。计算 C_{max} 时 F 可用 F_r 替代。

（3）计算表观分布容积 可由上述计算过程中"消除直线"或"残数直线"回归方程中的截距 $\lg \dfrac{kaFX0}{V(ka-k)}$ 计算出 V 值。其中 F 可用 F_r 替代。

（4）将药物动力学参数及生物利用度数据记录于表 26-4。并分析与评价对乙酰氨基酚片剂的相对生物利用度。

表 26 – 4　对乙酰氨基酚口服给药的药动学参数与生物利用度

制剂	k	$T_{1/2}$	V	k_a	t_{max}	C_{max}	AUC	F_r
	h^{-1}	h	L	h^{-1}	h	$\mu g/ml$	$\mu g \cdot h/ml$	%
片剂								
溶液								

六、分析与讨论

1. 对乙酰氨基酚溶液的配制：可用原料配制或用其注射（1ml/0.075g 或 2ml/0.5g）替代。可将注射液稀释成 1ml/0.025g 的浓度，给家兔口服 20ml（0.5g）。

2. 0.12mol/L 氢氧化钡溶液的制备：取分析纯或化学纯氢氧化钡 19g 加新鲜煮沸放冷的纯化水溶解成 1000ml，静置过夜，过滤即得。

3. 家兔口服给药方法

（1）口服片剂：可由二人协作完成。一人坐好，将兔躯干夹于两腿之间，左手握住双耳，固定头部，右手抓住前肢。另一人将开口器横放于兔口中，将舌头压在开口器下面，固定开口器。用镊子夹住药片，从开口器洞孔送入咽部，用 20ml 水冲服下。

（2）口服溶液：可采用灌胃法。一人将兔身固定于腋下一手固定兔头，另一手将开口器放于兔口中；另外一人将一根细胶管从开口器孔插入口内，再慢慢插入食道和胃。为慎重起见，可将细胶管外端放入水中，如无气泡，则可证实细胶管在胃内；即可用注射器将药物溶液注入细胶管灌入胃内。

七、思考题

1. 用血药浓度法测定生物利用度，实际应用中有何缺点？
2. 本实验的误差来源些方面？

八、技能考核评价标准

测试项目	技能要求	分值
实训准备	着装整洁，卫生习惯好 正确选择所需的材料及设备，正确洗涤	5
实训记录	正确、及时记录实验的现象、原始数据	5
实训操作	正确称量药物 按时完成	

测试项目	技能要求	分值
实训操作	标准曲线的制备： （1）配制 $100\mu g/ml$ 的对乙酰氨基酚标准储备液 （2）配制样品液 （3）紫外测定 （4）计算 （5）绘制标准曲线，求出回归方程 给药与取样： （1）取空白血 （2）给家兔口服给药 （3）0.25、0.5、1、2、3、6、8 小时取兔耳静脉血约 2 ml，置试管中 血清中对乙酰氨基酚的测定： （1）制备样品液 （2）紫外测定 （3）计算与记录 实验结果： （1）实验记录与数据处理 （2）药动学参数与相对生物利用度的计算	75
清场	按要求清洁仪器设备、实验台，摆放好所用药品	5
实训报告	实验报告工整，项目齐全，结论准确，并能针对结果进行分析讨论	10
合计		100

（伍 彬 何 静）

实训二十七 维生素C注射液制备与质量考察

一、实训目的

1. 掌握注射剂的生产工艺过程和操作要点。

2. 掌握注射剂成品质量检查的标准和方法。

3. 考察 pH、惰性气体、抗氧剂、金属络合剂、灭菌时间对易氧化药物稳定性的影响。

二、实训指导

注射剂是一类通过皮肤或黏膜注入人体内的无菌制剂。它包括溶液型、混悬液型、乳浊液型、或临时加溶媒溶解或混悬后使用的固体粉末型等。注射剂由于吸收快，作用迅速，所以产品的生产和成品质量控制都极其严格，以保证用药的安全性和有效性。

注射剂的质量要求为无菌、无热原、澄明度合格、使用安全、无毒性无刺激性，具有一定的 pH（4~9）和渗透压要求，含量合格，在有效期内稳定。要使注射剂达到规定的质量要求，就必须严格遵守注射剂生产的操作规程，并按质量标准控制产品的质量。

1. 注射液制备一般流程

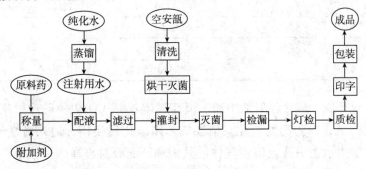

2. 注意事项

（1）必须采用新鲜注射用水。烘干灭菌的安瓿存放应有净化空气保护，存放时间不应超过 24 小时。

（2）供注射用的原辅药，必须符合《中国药典》2010 年版所规定的各项杂质检查与含量限度。应按处方规定计算原料及附加剂的用量，经准确称量，两人核对后，方可投料。如果注射剂在灭菌后含量有下降时，应酌情增加投料量。若原料与处方规定的药物规格不同时，如含量不同、含有结晶水应注意换算。

（3）注射液配制方法有两种，一种是稀配法，将原料加入所需的溶剂中，一次配成所需的浓度，该法适于原料质量好的药物。另外一种是浓配法，将全部原料药物加入部分溶剂中配成浓溶液，加热滤过，必要时也可冷藏后再滤过，然后稀释至所需浓度即得，一般溶解度小的杂质在浓配时可以滤过除去，对不易滤清的药液可加 0.1% ~ 0.3% 的一级针用 "767 型" 活性炭处理，起吸附和助滤作用。

（4）注射剂的过滤一般采用（加压）三级过滤，用钛滤器或砂滤棒粗滤脱炭，选垂熔玻璃滤器精滤，微孔滤膜滤器终端过滤。一般垂熔玻璃滤器不宜使用重铬酸钾硫酸清洁液处理，采用架桥原理，精滤的初滤液应回滤至澄明度合格。微孔滤膜 0.45 ~ 0.8μm 用于除微粒，0.22μm 用于除菌，使用前后均要进行气泡点试验。

（5）灌封工作一般在 4 小时内完成。药液灌装要求做到剂量准确，注入容器的量要比标示量稍多，以抵偿在给药时由于瓶壁黏附和注射器及针头的吸留而造成的损失，保证用药剂量。增加装量按《中国药典》2010 年版中的规定（表 27 - 1）。灌装时针头插入瓶底，以免药液黏于瓶颈，封口时产生焦头或爆裂。安瓿封口采用直立（或倾斜）旋转拉丝式封口，要严密不漏气，颈端圆整光滑，无尖头和小泡。

表 27 - 1　注射剂增加装量

标示装量/ml	增加量/ml	
	易流动液	黏稠液
0.5	0.10	0.12
1	0.10	0.15
2	0.15	0.25
5	0.30	0.50
10	0.50	0.70
20	0.60	0.90
50	1.0	1.5

对于易氧化药物，应在注射剂中通入惰性气体 N_2 或 CO_2 以驱除注射用水中溶解的氧和容器空间的氧，以防药物氧化。惰性气体须净化后使用。通入惰性气体的方法：一般是先在注射用水在中通入惰性气体使其饱和，配液时再通入药液中，并在惰性气体的气流下灌封，驱除安瓿中的空气。

（6）注射剂从配制到灭菌，必须在规定时间内完成，一般为 12 小时内完成。灭菌与保持药物稳定性是矛盾的两个方面，对热不稳定的药品注射剂，一般 1 ~ 5ml 安瓿剂可用流通蒸汽灭菌 100℃ 30 分钟，10 ~ 20ml 安瓿剂使用 100℃ 45 分钟。灭菌时间还可根据情况延长或缩短，要求按灭菌效果 F_0 值大于 8 分钟进行验证。凡耐热的药品，宜采用 115℃ 30 分钟热压灭菌。

（7）安瓿剂必须在灭菌时或灭菌后，采用减压法或其他适宜方法进行安瓿检漏。

检漏一般应用灭菌检漏两用灭菌器，灭菌完毕后，负压下或趁热放入色水，色水即从漏气安瓿的毛细孔进入而被检出。

（8）注射剂的质量检查包括澄明度检查（灯检）、无菌检查、细菌内毒素检查或热原检查，pH 测定、含量测定和其他规定检查项目，按规定检查应符合质量标准。

3. 生产设备

主要生产设备有多效蒸馏水机、浓配/稀配罐、过滤设备、安瓿洗瓶机、远红外热风循环烘箱、拉丝灌封机、蒸汽灭菌器、安瓿印字机等（图 27 - 1）。

多效蒸馏水机　　浓配/稀配罐　　过滤设备罐　　立式超声波清洗机

热风循环杀菌干燥机　　拉丝灌封机　　蒸汽灭菌检漏器　　安瓿印字机

图 27 - 1　部分生产设备

三、实训内容（抗坏血栓注射液的制备）

【制剂处方】

	A（A1 + A2 + A3 + A4）	B（无抗氧剂）	C（不通 CO_2）
维生素 C	1.04kg	0.26kg	0.26kg
碳酸氢钠	0.484kg	0.121kg	0.121kg
焦亚硫酸钠	40g	—	10g
依地酸二钠	10g	2.5g	2.5g
注射用水	共制20L	共制5L	共制5L

【仪器与材料】

仪器：多效小蒸馏水机、2ml 空安瓿、超声波安瓿清洗机、热风循环杀菌干燥机、配液罐、垂熔玻璃滤器、滤器微孔滤膜、安瓿拉丝灌封机、灭菌检漏器、伞棚灯、pH计、紫外 - 可见分光光度计、滴定管。

材料：维生素C、碳酸氢钠、焦亚硫酸钠、依地酸二钠、注射用水、亚甲蓝、CO_2气体等、碘滴定液（0.1mol/L）、丙酮、稀醋酸、淀粉指示液等。

【制备工艺】

1. 制备工艺流程

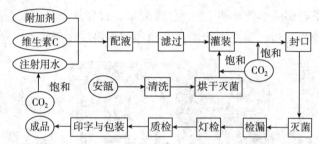

2. 制备方法

（1）制备注射用水备用。

（2）2ml安瓿清洗、烘干灭菌，备用。

（3）精密称取原辅料，双人核对签字。

（4）配液：量取处方量80%的注射用水，通二氧化碳饱和，加依地酸二钠、维生素C使溶解，分次缓缓加入碳酸氢钠，搅拌使完全溶解，加焦亚硫酸钠溶解，搅拌均匀，调节药液pH 5.8~6.2，添加二氧化碳饱和的注射用水至足量。

（5）过滤：用G3垂熔漏斗和0.45m的微孔滤膜串联过滤。检查滤液澄明度。

（6）灌注与熔封：将过滤合格的药液，立即灌装于2ml安瓿中，通二氧化碳于安瓿上部空间，要求装量准确，药液不沾安瓿领壁。随灌随封，熔封后的安瓿顶部应圆滑、无尖头、鼓泡或凹陷现象。

（7）灭菌与检漏：将灌封好的安瓿用100℃流通蒸汽灭菌15分钟，做稳定性考察的安瓿采用煮沸灭菌，以便观察颜色变化。灭菌完毕立即将安瓿放入1%亚甲蓝水溶液中，剔除变色安瓿，将合格安瓿洗净、擦干，供质量检查。

3. 处方分组操作

处方A分四组，分别用盐酸/碳酸氢钠调pH，A1配制5L，调pH为4.0，A2配制5L调pH为5.0，A3配制10L，调pH为6.0，A4配制5L，调pH为7.0；处方B配制5L，调pH为6.0，处方中不加抗氧剂；处方C配制5L，调pH为6.0，制备中注射用水、配制药液和灌封前后的安瓿均不通CO_2。分别配液、滤过、灌封，一半样品流通蒸汽灭菌15分钟、检漏、灯检、含量测定、印字、包装，留样观察。另一半样品采用煮沸灭菌5~60分钟，检漏后比较颜色和含量变化。

【制剂质量检查与评价】

1. 漏气检查

将灭菌后的安瓿趁热置于有色溶液中，稍冷取出，用水冲洗干净，剔除被染色的安瓿，并记录漏气支数。

2. 装量检查

取本品 5 支，依法检查（附录 IB），并记录。

3. pH 检查

pH 应为 5.0 ~ 7.0（附录ⅦH）。

4. 细菌内毒素

取本品，依法检查（附录ⅪE），每 1ml 中含内毒素量应小于 2.5EU。

5. 澄明度检查

将安瓿外壁擦干净，1 ~ 2ml 安瓿每次拿取 6 支，于伞棚边处，手持安瓿颈部使药液轻轻翻转，用目检视。每次检查 18 秒钟。50ml 或 50ml 以上的注射液按直立、倒立、平视三步法旋转检视。按以上装置及方法检查，除特殊规定品种外，未发现有异物或仅带微量白点者作合格论。将检查结果记录表中。

【相关链接】

澄明度检查中术语

1. 白块：系指用规定的检查方法，能看到有明显的平面或棱角的白色物质。

2. 白点：不能辨清平面或棱角的按白点计。但有的白色物质虽不易看清平面、棱角（如球形），但与上述白块同等大小或更大者，应作白块论。在检查中见似有似无或若隐若现的微细物，不作白点计数。

3. 微量白点：50ml 或 50ml 以下的注射液，在规定的检查时间内仅见到 3 个或 3 个以下白点者，作为微量白点；100ml 或 100ml 以上的注射液，在规定检查时间内仅见到 5 个或 5 个以下的白点时，作为微量白点。

4. 少量白点：药液澄明、白点数量比微量白点较多，在规定检查时间内较难准确计数者。

5. 微量沉积物：指某些生化制剂或高分子化合物制剂，静置后有微小的质点沉积，轻轻倒转时有烟雾状细线浮起，轻摇即散失者。

6. 异物：包括玻璃屑、纤维、色点、色块及其他外来异物。

7. 特殊异物：指金属屑及明显可见的玻璃屑、玻璃块、玻璃砂、硬毛或粗纤维等异物。金属屑为有一面闪光者，玻璃屑为有闪烁性或有棱角的透明物。

澄明度检查结果记录

总检支数	废品支数							合格成品支数	成品率
	漏气	玻屑	纤维	白点	白块	焦头	其他		

---

6. 颜色

取本品，加水稀释成每 1ml 中含维生素 C50mg 的溶液，照分光光度法（附录Ⅳ A），在 420nm 的波长处测定，流通蒸汽灭菌 15 分钟的维生素 C 注射液 A1 吸收度不得过 0.06。

7. 含量测定

精密量取本品适量（约相当于维生素 C0.2g），加水 15ml 与丙酮 2ml，摇匀，放置 5 分钟，加稀醋酸 4ml 与淀粉指示液 1ml，用碘滴定液（0.1mol/L）滴定，至溶液显蓝色并持续 30 秒钟不褪。记消耗碘液 ml 数。每 1ml 碘滴定液（0.1mol/L）相当于 8.806mg 的 $C_6H_8O_6$。流通蒸汽灭菌 15 分钟的维生素 C 注射液 A1 含维生素 C（$C_6H_8O_6$）应为标示量的 90.0%～110.0%。

8. 稳定性影响因素试验

将稳定性考察样本作标记后于冷水中煮沸，到规定时间后用冷水冷却，观察不同时间颜色变化，加水稀释成每 1ml 中含维生素 C50mg 的溶液，照分光光度法（附录Ⅳ A），在 420nm 的波长处测定维生素 C 注射液吸收度，并测定含量，按下表记录。分别考察 pH 对维生素 C 注射液质量的影响（A1/A2/A3/A4），抗氧剂的对维生素 C 注射液稳定作用（A3/B）、空气中的氧对维生素 C 注射液质量的影响（A3/C）。

考察因素	样品	PH	煮沸时间（分）与颜色变化 $\lambda = 420nm$，吸收度 A					含量测定（消耗 I_2 液 ml）		含量变化 I_2 液 ml 数
			0	5	15	30	60	0	60	
pH	A1	4.0								
	A2	5.0								
	A3	6.0								
	A4	7.0								
抗氧剂	B	6.0								
氧气	C	6.0								

【作用与用途】

临床上用于预防及治疗坏血病，并用于出血性体质、鼻、肺、肾、子宫及其器官的出血。

【分析与讨论】

1. 维生素 C 分子中有烯二醇式结构，故显强酸性。注射时刺激性大，产生疼痛，故加入碳酸氢钠（或碳酸钠），使维生素 C 部分地中和成钠盐，以减轻疼痛。同时碳酸氢钠起调节 pH 的作用，以增强的维生素 C 稳定性。

2. 维生素 C 在干燥状态下较稳定，但在潮湿状态或溶液中，其分子结构中的烯二醇结构被很快氧化，生成黄色双酮化合物，虽仍有药效，但会迅速进一步氧化、断裂、生成一系列有色的无效物质。氧化反应式如下：

抗坏血酸　　　去氢抗坏血酸　　　2，3-二酮-L-古罗糖酸　草酸　　　　L-丁糖酸

3. 溶液的 pH、氧、重金属离子和温度对维生素 C 的氧化均有影响。针对维生素 C 溶液易氧化的特点，在注射液处方设计中应重点考虑怎样延缓药的氧化分解，通常采取如下措施：

（1）除氧，尽量减少药物与空气的接触，在配液和灌封中通入惰性气体，常用高纯度的氮气和二氧化碳。

（2）加抗氧剂。

（3）调节溶液 pH 在最稳定 pH 范围。

（4）加金属离子络合剂。金属离子对药物的氧化反应有强烈的催化作用，当维生素 C 溶液中含有 0.0002mol/L 铜离子时，其氧化速反可以增大 10^4 倍，故常用依地酸钠或依地酸钙钠络合金属离子。

（5）缩短灭菌时间。本品稳定性与温度有关。实验证明用 100℃ 30 分钟灭菌，含量减少 3%，而 100℃ 15 分钟只减少 2%，故以 100℃ 15 分钟灭菌为好。但操作过程应尽量在避菌条件下进行，以防污染。并且在灭菌时间到达后，可立即小心开启灭菌器，用温水、冷水冲淋安瓿，以促进迅速降温。

【思考题】

1. 分析影响注射剂澄明度的因素。

2. 用 $NaHCO_3$ 调节维生素 C 注射液的 pH，应注意什么问题？为什么？

3. 抗坏血酸注射液的质量主要受哪些因素的影响？

4. 易氧化药物注射剂应如何制备？

四、制剂技能考核评价标准

测试项目	技能要求	分值
实训准备	着装整洁，卫生习惯好 正确选择所需的材料及设备，正确洗涤	5
实训记录	正确、及时记录实验的现象、数据	5
实训操作	按照实际操作计算处方中的药物用量，正确称量药物 按照实验步骤正确进行实验操作及仪器使用。按时完成	10
	维生素 C 注射液的制备 （1）配液方法正确 （2）滤过装置的准备、安装，滤液澄明度合格 （3）灌封装量准确，熔封后的安瓿顶部圆滑、无尖头、鼓泡、凹陷现象。惰性气体通入正确 （4）灭菌操作正确	40
	质量考察 （1）澄明度检查操作正确，判断正确 （2）颜色判断和含量测定操作正确	20

续表

测试项目	技能要求	分值
成品质量	维生素 C 注射液为无色或微黄色的澄明液体，成品装量准确，封口圆滑，颜色、澄明度、含量测定合格（A1）	5
清场	按要求清洁仪器设备、实验台，摆放好所用药品	
实训报告	实验报告工整，项目齐全，结论准确，并能针对结果进行分析讨论	10
合计		100

（何　静、李　缨）

实训 二十八 乙酰水杨酸肠溶片的制备与质量考查

一、实训目的

1. 熟悉片剂的基本工艺过程，掌握湿法制粒压片的基本操作。
2. 熟悉薄膜衣材料的组成及其特性，掌握薄膜衣的基本操作。
3. 熟悉单冲压片机的基本构造、使用方法，了解单冲压片机的装拆和保养过程；熟悉包衣机的基本结构及使用方法。

二、实训指导

片剂系指药物与辅料均匀混合，通过制剂技术压制而成的圆片或异形片状的固体制剂。按形式可分为单层片、多层片（复压片）、包衣片（糖衣、薄膜衣、肠溶衣）、纸形片等。

片剂的压制按工艺分为制粒压片法和直接压片法两大类，制粒压片法分为湿法制粒压片法和干法制粒压片法，直接压片法分为粉末直接压片法和结晶药物直接压片法。若药物受湿热比较稳定，一般选用湿法制粒压片；若药物为结晶状，流动性和可压性较好者，可直接选粒压片即结晶直接压片法；若药物遇湿热易变质者，可通过加入干燥黏合剂，助流剂等辅料采用粉末直接压片法。其中，湿法制粒压片法最常用。

凡具有不良嗅味、刺激性、易潮解或遇光易变质的药物，制成片剂后，可包糖衣或薄膜衣，对一些遇胃酸易破坏、对胃有较强刺激性或为治疗结肠部位疾病需在肠内释放的药物，制成片剂后应包肠溶衣。为减少某些药物毒副作用，减少用药频率，避免或减少血浓峰谷现象，提高患者的顺应性并提高药物药效和安全性，可制成缓、控释制剂。薄膜衣与糖衣相比具有生产周期短、效率高、片重增加不大（一般增加 3% ~ 5%）、包衣过程可实行自动化、对崩解的影响小等特点。

片剂的质量检查项目有外观、硬度、脆碎度，重量差异和崩解时限等，其中，若要求做含量均匀度检查，则不再做重量差异；若要求做溶出度测定，则不再做崩解时限检查，检查方法照《中国药典》2010 年版执行。

片剂的辅料可分为以下各类：

（1）润湿剂和黏合剂　本身无黏性，但所润湿药粉，启发药粉潜在黏性的为润湿剂（如水、乙醇）；具黏性，黏合药粉制成颗粒的为黏合剂（如淀粉浆）。

（2）填充剂　包括增大片重（＜100mg以下时）的稀释剂和吸收液体的吸收剂（淀粉、乳糖）。

（3）崩解剂　有良好吸水性和膨胀性，使片剂口服后，在胃肠道中迅速崩解和溶出药物，便于吸收和发挥药效而加入的辅料（干淀粉）。

（4）润滑剂　具助流作用，保证片重相符；抗粘附作用，防止粘冲；润滑作用减少冲模磨损和利于压片的辅料（硬脂酸、滑石粉）。

片剂薄膜包衣材料的基本组成如下：

（1）成膜材料　要求能溶解于适宜的溶剂，成膜性能良好，在胃液或肠液中迅速溶解。常用高分子成膜材料有：①水溶性纤维素衍生物，如羟丙甲纤维素（HPMC），其特点是成膜性能好，膜透明坚韧，但无抗湿性能。羟丙基纤维素（HPC），能溶于水、乙醇中成黏性溶液，可用于包胃溶薄膜衣。甲基纤维素（MC），其低黏度水溶液包薄膜衣时最好与HPMC等混合使用。②水不溶性纤维素衍生物，如乙基纤维素（EC）和醋酸纤维素（CA），前者能溶于乙醇，后者能溶于丙酮等有机溶剂，成膜性好，常用作缓、控释包衣材料。③丙烯酸（酯）－甲基丙烯酸（酯）共聚物（国外商品名Eudragit）。其中Ⅳ号胃溶型丙烯酸树脂（Eudragit E100）以及胃崩型丙烯酸树脂乳胶液（Eudragit E30D）两种可用作胃溶性薄膜包衣。Ⅱ号肠溶丙烯酸树脂（Eudragit L100）、Ⅲ号肠溶丙烯酸树脂（Eudragit S100）、Ⅰ丙烯酸树脂乳胶液（Eudragit L30D）三种均用于肠溶性薄膜包衣材料。另有不溶型丙烯酸树脂（Eudragit RS和Eudragit RL）均可用于制备缓、控释制剂的包衣材料。

（2）增塑剂　能增加包衣材料的可塑性，使衣层保持良好的柔韧性，常用水溶性增塑剂有甘油、聚乙二醇、丙二醇等；水不溶性增塑剂有蓖麻油、吐温－80、邻苯二甲酸二乙酯和柠檬酸三乙酯等。

（3）溶剂　常用的溶剂有乙醇、甲醇、丙酮、三氯甲烷及水等，必要时可使用混合溶剂。

（4）其他　如着色剂（如食用色素）、避光剂（如二氧化钛）、润湿剂（如吐温80）、防粘剂或抗粘附剂（如滑石粉）以及增加表面光泽的二甲基硅油等。

1. 湿法制粒压片（挤压过筛制粒为例）的一般流程

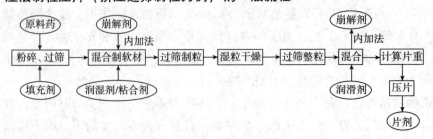

2. 薄膜包衣的一般流程

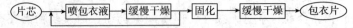

3. 注意事项

（1）原料药与辅料应混合均匀。含量小的药物应采用等量递加法混合，过筛制粒时采用复次过筛等方法使药物分散均匀。

（2）凡遇热易分解的药物，在制片过程中应避免受热分解；凡具有挥发性的药物，可先制备空白颗粒，挥发性药物在压片前加入。挥发油可加在润滑剂与颗粒混合后筛出的部分细粒中，或加入直接从干颗粒中筛出的部分细粉，再与全部干颗粒混匀。若挥发性药物为固体（如薄荷脑）或量较少时，可用适量乙醇溶解，或与其他成分混合研磨共溶后喷入干颗粒中，混匀后，密闭数小时，使挥发性药物渗入颗粒。

（3）崩解剂的加入方法有三种，①内加法：是指将崩解剂与处方中的其他成分混合均匀后制粒，崩解剂在颗粒内部，崩解较迟缓，一旦崩解便成细粒，有利于溶出。②外加法：指崩解剂加在干颗粒中，水分透入后，崩解迅速，但因颗粒内无崩解剂，故不易崩解成细粒，溶出稍差。③内外加法：指崩解剂分两份，一份按内加法加入（一般为崩解剂的50%～75%），另一份按外加法加入（一般为崩解剂的25%～50%）。此法集中了前二种加法的优点，相同用量时，其崩解速度是外加法＞内外加法＞内加法，但其溶出速率则是内外加法＞内加法＞外加法。

（4）压片过程中常见问题　①裂片：是指片剂受到振动或在贮存过程中从腰间裂开的现象称裂片。从片剂顶部或底部剥落一层的现象称顶裂。主要原因有黏合剂选择不当或用量不足、细粉过多、压力过大、冲头与冲模圈不符等。②松片：是指片剂硬度不够，受振动易出现松散破碎的现象。主要的原因是药物弹性回复大，可压性差。可通过选用黏性强的黏合剂，增大压片机的压力等方法来解决。③黏冲：是指冲头或冲模上黏着细粉，造成片面粗糙不平或有凹痕的现象。刻有文字或横线的冲头更易发生黏冲现象。主要原因有颗粒含水量过多、润滑剂使用不当、冲头表面粗糙和工作场所湿度太高等。④崩解超时限：是指片剂不能在药典规定的时限内完全崩解或溶解。其原因有崩解剂用量不足、黏合剂黏性太强或用量过多、压片时压力过大、疏水性润滑剂用量过多等。⑤片重差异超限：是指片重差异超过药典规定的限度。其主要原因是颗粒大小不匀或流动性差、下冲升降不灵活、加料斗装量时多时少等。⑥变色与色斑：是指片剂表面的颜色发生改变或出现色泽不一的斑点现象，导致外观不符合要求。其主要原因有颗粒过硬、混料不匀、接触金属离子、压片机污染油污等。⑦麻点：是指片剂表面产生许多小凹点的现象。主要原因有润滑剂和黏合剂选用不当、颗粒大小不均匀或引湿受潮、粗粒或细粉量过多、冲头表面粗糙等。⑧迭片：是指二个药片叠压在一起的现象。其主要原因有出片调节器调节不当、上冲黏片及加料斗故障等。

（5）包衣过程注意事项：①为加快溶剂蒸发，吹入缓和热风，温度最好不超过40℃，以免干燥过快，出现"皱皮"或"起泡"现象；也不能干燥过慢，否则会出现"粘连"或"剥落"现象）。②大多数的薄膜衣需要一个固化期，一般是在室温或略高于室温下自然放置6～8小时使之固化完全。③为使残余的有机溶剂完全除尽，一般还要在50℃下干燥12～24小时，采用有机溶剂包衣时包衣材料的用量较少，表面光滑、均匀，但必须严格控制有机溶剂的残留量。现代的薄膜衣采用不溶性聚合物的水分散体作为包衣材料，并已经日趋普遍，目前在发达国家中已几乎取代了有机溶剂包衣。

3. 生产设备

主要生产设备有粉碎设备、过筛设备、混合设备、制粒设备、干燥设备、压片机、包衣锅等。新型制粒设备有高速搅拌制粒机、一步制粒机（流化喷雾制粒），常用的压片机有撞击式单冲压片机（实验室用）和旋转式多冲压片机（生产用），见图28-1。

V型混合机	三维混合机	槽型混合机	摇摆式颗粒机
高速搅拌制粒机	流化喷雾制粒机	单冲压片机	旋转式多冲压片机
冲头与模圈	振动筛粉机	振动筛粉机	高效包衣机

图 28-1　部分生产设备

三、实训内容（乙酰水杨酸肠溶片的制备）

【制剂处方】

1. 乙酰水杨酸片芯处方

组成	每片用量（mg）	500 片用量（g）
乙酰水杨酸	25.0	12.5
淀粉	36.0	18.0
微晶纤维素	30.0	15.0
羧甲基淀粉钠	5.0	2.5
酒石酸（或枸橼酸）	0.8	0.4

| 2% HPMC 醇水液 | Q. S | Q. S |
| 4% 滑石粉 | Q. S | Q. S |

2. 包衣处方

丙烯酸树脂Ⅱ号	10g
邻苯二甲酸二乙酯	2g
蓖麻油	4g
吐温 – 80	2g
滑石粉（120目）	3g
钛白粉（120目）	QS
柠檬黄	QS
85% 乙醇　加至	200ml

【仪器与材料】

仪器：电子天平，单冲压片机、包衣机，乳钵（中号），喷枪，空气压缩机，烘箱，电吹风，搪瓷盘，不锈钢筛网（40目，80目），尼龙筛网（16目，18目），冲头（5.5mm浅凹冲）等。

材料：乙酰水杨酸（粒状结晶），微晶纤维素，羟丙甲纤维素，酒石酸，滑石粉，Ⅱ号丙烯酸树脂，邻苯二甲酸二乙酯，蓖麻油，柠檬黄，吐温 – 80等。

【制备工艺】

1. 乙酰水杨酸片芯的制备

（1）将乙酰水杨酸（80目）与淀粉、微晶纤维素、羧甲基淀粉钠用40目不锈钢筛混合均匀。

（2）加入预先配好的2% HPMC 醇水溶液（内含酒石酸或枸橼酸）制成软材。

（3）通过18目不锈钢筛或尼龙筛制粒。

（4）湿颗粒于50℃ ~60℃烘箱干燥1 ~2小时。

（5）干颗粒过18目筛整粒。

（6）加入滑石粉充分混匀后压片（用5.5mm浅凹冲模压片）。

2. 包衣

（1）将包衣材料用85%乙醇溶液浸泡过夜溶解。加入邻苯二甲酸二乙酯、蓖麻油和吐温 – 80研磨均匀，另将其他成分加入上述包衣液研磨均匀，即得。

（2）调试包衣锅，包衣锅内片床温度控制在40℃ ~50℃，转速为30 ~40转/分。

（3）制得的乙酰水杨酸片芯置包衣锅内，将配制好的包衣溶液用喷枪连续喷雾于转动的片子表面，随时根据片子表面干湿情况，调控片子温度和喷雾速度，控制包衣溶液的喷雾速度和溶媒挥发速度相平衡，即以片面不太干也不太潮湿为度。一旦发现片子较湿（滚动迟缓），即停止喷雾以防粘连，待片子干燥后再继续喷雾，使包衣片增重为4% ~5%。

（4）将包好的肠溶衣片，置30℃~40℃烘箱干燥3~4小时。

【制剂质量检查与评价】

1. 外观

本品为乙酰水杨酸肠溶包衣片，衣层外观完整光滑，色泽一致，除去包衣后显白色。

2. 含量测定

取本品10片，研细，用中性乙醇70ml，分数次研磨，并移入100ml量瓶中，充分振摇，再用水适量洗涤研钵数次，洗液合并于100ml量瓶中，再用水稀释至刻度，摇匀，滤过，精密量取滤液10ml（相当于阿司匹林0.3g），置锥形瓶中，加中性乙醇（对酚酞指示液显中性）20ml，振摇，使阿司匹林溶解，加酚酞指示液3滴，滴加氢氧化钠滴定液（0.1mol/L）至溶液显粉红色，再精密加氢氧化钠滴定液（0.1mol/L）40ml，置水浴上加热15分钟并时时振摇，迅速放冷至室温，用硫酸滴定液（0.05mol/L）滴定，并将滴定的结果用空白试验校正。每1ml氢氧化钠滴定液（0.1mol/L）相当于18.02mg$C_9H_8O_{10}$。

3. 重量差异检查

取供试品20片，精密称定总重量，求得平均片重后，再分别精密称定每片的重量，每片重量与标示片重相比较（凡无标示片重的片剂，每片重量应与平均片重比较），按表中的规定，超出重量差异限度（表28-1）的药片不得多于2片，并不得有1片超出限度1倍。

糖衣片的片芯应检查重量差异并符合规定，包糖衣后不再检查重量差异。薄膜衣片应在包薄膜衣后检查重量差异并符合规定。凡规定检查含量均匀度的片剂，一般不再进行重量差异检查。

表28-1 片剂差异限度表

平均片重或标示片重	重量差异限度
0.30g以下	±7.5%
0.30g及0.30g以上	±5%

4. 释放度检查

取本品6片，照释放度测定法［附录ⅩD第二法（1）］，采用溶出度测定法第一法装置，以0.1mol/L盐酸溶液750ml为溶剂，转速为每分钟100转，依法操作，经120分钟时，取溶液10ml滤过，作为供试品溶液（1）。然后加入37℃的0.2mol/L磷酸钠溶液250ml，混匀，用2mol/L盐酸溶液或2mol/L氢氧化钠溶液调节溶液的pH为6.8±0.05，继续溶出45分钟，取溶液10ml滤过，作为供试品溶液（2）。取供试品溶液（1），以0.1mol/L盐酸溶液为空白，在280nm波长处测定吸收度，吸收值不得大于0.25。另取阿司匹林对照品21mg，置100ml量瓶中，加磷酸钠缓冲液（0.05mol/L）

（量取 0.2mol/L 磷酸钠溶液 250ml 与 0.1mol/L 盐酸溶液 750ml，混合，pH 为 6.8 ± 0.05）适量使溶解，并稀释至刻度，作为对照品溶液。取供试品溶液（2）和对照品溶液，以磷酸钠缓冲液（0.05mol/L）为空白，在 265nm ±2nm 波长处测定吸收度，计算出每片的释放量。限度为标示量的70%，应符合规定。

【作用与用途】

抗血栓。本品对血小板聚集有抑制作用，可防止血栓形成，临床用于预防缺血发作，心肌梗死，心房颤动或其他手术后的血栓形成。

【分析与讨论】

1. 小剂量乙酰水杨酸应先粉碎过80目不锈钢筛，然后与辅料混合时，常采用逐级稀释法（等容量递增法），并反复过筛、混合以确保混合均匀。

2. 黏合剂用量要恰当，使软材达到以手握之可成团块、手指轻压时又能散裂而不成粉状为度。再将软材挤压过筛，制成所需大小的颗粒，颗粒应以无长条、块状和过多的细粉为宜。

3. 乙酰水杨酸在湿、热下不稳定，尤其遇铁质易变色并水解成水杨酸和醋酸，前者对胃有刺激性。用含有少量酒石酸或枸橼酸（约为乙酰水杨酸量的1%）淀粉浆混匀后制粒，也可采用乙醇或2%～5% HPMC 的醇水溶液作为黏合剂，以增加主药的稳定性。硬脂酸镁和硬脂酸钙能促进乙酰水杨酸的水解，故用滑石粉作润滑剂；此片剂干燥温度宜控制在50℃～60℃，以防高温药物不稳定。

4. 在包衣前，可先将乙酰水杨酸片芯在50℃干燥30分钟，吹去片剂表面的细粉。由于片剂较少，在包衣锅内纵向粘贴若干1～2cm宽的长硬纸条或胶布，以增加片子与包衣锅的摩擦，改善滚动性。

5. 必须选用不锈钢包衣锅，因乙酰水杨酸等药物遇金属不稳定，可先在包衣锅内喷雾覆盖一层包衣膜。

6. 喷雾较快时片子表面若开始潮湿后，在包衣锅内的滚动将减慢，翻滚困难，应立即停止喷雾并开始吹热风干燥。

7. 包衣温度应控制在50℃左右，以避免温度过高易使药物分解或使片剂表面产生气泡，衣膜与片芯分离。

【思考题】

1. 小剂量药物在压片过程中可能出现哪些质量问题？如何解决？

2. 压片过程中可能出现哪些问题？如何解决？

3. 对湿热不稳定的药物进行片剂处方设计时应考虑哪些问题？

4. 哪些药物制剂需包肠溶衣？举例叙述肠溶型薄膜衣与胃溶型薄膜衣包衣材料有何区别？

5. 薄膜包衣中可能出现哪些问题？如何解决？

6. 肠溶薄膜衣片和糖衣片生产工艺及特点有何不同？

四、制剂技能考核评价标准

测试项目	技能要求	分值
实训准备	着装整洁，卫生习惯好 实验内容、相关知识，正确选择所需的材料及设备，正确洗涤	5
实训记录	正确、及时记录实验的现象、数据	10
实训操作	按照实际操作计算处方中的药物用量，正确称量药物 按照实验步骤正确进行实验操作及仪器使用。按时完成	10
	乙酰水杨酸肠溶片制备 （1）湿法制粒压片操作正确 （2）包衣操作正确	30
	质量考察 （1）重量差异检查操作正确 （2）含量检查操作正确 （3）释放度检查操作正确	20
成品质量	本品为乙酰水杨酸肠溶包衣片，衣层外观完整光滑，色泽一致，除去包衣后显白色。重量差异、含量、释放度符合药典要求	10
清场	按要求清洁仪器设备、实验台，摆放好所用药品	5
实训报告	实验报告工整，项目齐全，结论准确，并能针对结果进行分析讨论	10
合计		100

（何静　邱妍川）

实训 二十九 盐酸雷尼替丁胶囊的制备与质量考查

一、实训目的

1. 熟练掌握胶囊剂的生产工艺过程和操作方法。

2. 学会药物物料处理的基本方法和药物的充填方法。

3. 学会胶囊剂的质量检查方法。通过本次模拟实训，使学生熟悉药厂大量生产胶囊剂的方法与要求，达到胶囊剂生产岗位对操作技能的基本要求。

二、实训指导

胶囊剂系指将药物填装于空心硬质胶囊中或密封于弹性软质胶囊中而制成的固体制剂。

1. 胶囊剂的分类

（1）硬胶囊剂是将一定量的药物（或药材提取物）及适当的辅料（也可不加辅料）制成均匀的粉末或颗粒，填装于空心硬胶囊中而制成。

（2）软胶囊剂是将一定量的药物（或药材提取物）溶于适当辅料中，再用压制法（或滴制法）使之密封于球形或橄榄形的软质胶囊中。

（3）肠溶胶囊剂实际上是硬胶囊剂或软胶囊剂中的一种，只是在囊壳中加入了特殊的药用高分子材料或经特殊处理，在胃液中不溶解，仅在肠液中崩解溶化而释放出活性成分，达到一种肠溶的效果，故而称为肠溶胶囊剂。在世界各国药典收载的品种中，胶囊剂仅次于片剂和注射剂居第三位。

2. 胶囊剂的特点

胶囊剂一般仅口服应用，但也用于其他部位如直肠、阴道、植入等使用。胶囊剂不仅整洁、美观、容易吞服，而且还有以下特点：

（1）可以掩盖药物不适的臭味和减小药物的刺激性。

（2）胶囊剂与片剂和丸剂相比较，在制备时不需要黏合剂和压力，所以在胃肠中分散快、吸收好，生物利用度高，如司可巴比妥钠、吲哚美辛胶囊较片剂疗效好。

（3）对光敏感或遇湿热不稳定的药物，例如维生素、抗生素等，可装入不透光的胶囊中，以保护药物不受湿气和空气中的氧、光线的作用，可提高药物的稳定性。

（4）可延缓药物的释放，先将药物制成颗粒，然后用不同释放速度的包衣材料进行包衣（或制成微囊），按需要的比例混匀装入空胶囊中，可制成缓释、肠溶等多种类型的胶囊剂。

但下列情况不宜做成胶囊剂：药物的水溶液或稀乙醇溶液，因能使胶囊壁溶化；易溶性药物如溴化物、碘化物、氯化物等以及小剂量的刺激性药物，因在胃中溶解后，局部浓度过高而刺激胃黏膜；易风化性药物，因可使胶囊壁软化；吸湿性药物可使胶囊壁干燥而变脆。

3. 硬胶囊剂的制备工艺流程

胶囊剂的生产按 GMP 规范要求，其生产环境洁净度要求为 30 万级。硬胶囊剂的制备一般分为填充物料的制备、胶囊填充、胶囊抛光、分装和包装等过程，其生产工艺流程如下，其中胶囊填充是关键步骤。在进行生产前还要选用适当的空胶囊。

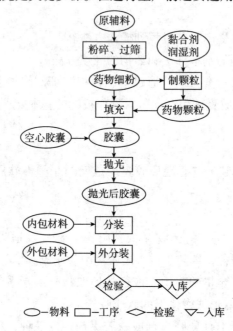

（1）硬胶囊的内容物

药物粉碎至适当粒度能满足硬胶囊剂的填充要求的，可直接填充。但更多的情况是在药物中添加适量的辅料后，才能满足生产或治疗的要求。胶囊剂的常用辅料有稀释剂，如淀粉、微晶纤维素、蔗糖、乳糖、氧化镁等；润滑如硬脂酸镁、硬脂酸、滑石粉、二氧化硅等。添加辅料可采用与药物混合的方法，亦可采用与药物一起制粒的方法，然后再进行填充。

①药物为粉末时　当主药剂量小于所选用胶囊充填量的 1/2 时，常需加入淀粉类、PVP 等稀释剂。当主药为粉末或针状结晶、引湿性药物时，流动性差给填充操作带来困难，常加入微粉硅胶或滑石粉等润滑剂，以改善其流动性。

②药物为颗粒时　许多胶囊剂是将药物制成颗粒、小丸后再充填人胶囊壳内。以

浸膏为原料的中药颗粒剂，引湿性强，富含黏液质及多糖类物质，可加入无水乳糖、微晶纤维素、预胶化淀粉等辅料以改善引湿性。

③药物为液体或半固体时　往硬胶囊内充填液体药物，需要解决液体从囊帽与囊体接合处的泄漏问题，一般采用增加充填物黏度的方法，可加入增稠剂如硅酸衍生物等使液体变为非流动性软材，然后灌装入胶囊中。在填充药物的过程中，要经常检查胶囊的装量差异限度，应符合药典的相关规定。

（2）硬胶囊剂物料的填充及设备

胶囊填充操作室按30万级洁净度要求，室内相对室外呈正压，温度18℃～26℃、相对湿度45%～65%。

①手工填充：小量制备胶囊时采用手工填充，先将药粉置于干净纸上或玻璃板上用药刀铺成均一粉层，并轻轻压紧，其厚度约为囊身高度的1/4～1/3，然后带指套持囊身，口向下插入药粉嵌入囊身内，如此反复多次，直到装满整个囊身。手工填充药物的主要缺点是药尘飞扬严重；装量差异大，波动范围亦大；返工率高，生产效率低。国内许多药厂已改为机器填充药物。

②使用半自动胶囊充填机：本机采用电器电动联合控制，并配备自动计数装置。能分别自动完成胶囊的送进就位，分离，充填，锁囊等动作，可减轻劳动强度，提高效率，能达到制药工业的卫生要求等。半自动胶囊填充机主要由机座和电器控制系统、播囊器、充填器、锁紧器、变频调速器组成（图29-1）。

半自动胶囊填充机的工作过程原理如下。

装在囊斗的空心胶囊通过播囊器释放一排胶囊，下落在胶囊梳上，受推囊板的作用向前推进至调头位置，空心胶囊受压囊头向下推压并同时调头，囊体朝下，囊帽朝上，并在真空泵的负压气流作用下，进入胶囊模具，囊帽受模孔凸檐阻止留在上模具盘中，囊体受负压气流作用吸至下模具盘中，手动将上下模具盘分离。下模具盘停留转盘中待装药料，这样就完成了空心胶囊的排囊、调头和分离工作。

料斗内装有螺旋钻头，在变频调速电机带动下运转，将药料强制压入空胶囊中。同样变频调速电机带动转盘运转，转盘带动模具运转。当按下充填启动键时，料斗由气缸作用推

图29-1　半自动胶囊填充机

向模具，料斗到位后，转盘电机和料斗电机自动启动，模具在加料嘴下面运转一周，药料通过料斗在螺旋钻头推压下充填入空心胶囊中。当下模具盘旋转一周后自动停止转动，同时气缸拉动料斗退出模具，完成了药料的充填工作。

用刮粉板刮平药粉，将上下模具对准合并，在顶针盘上进行套合锁口，通过脚踏阀使气缸动作，顶针对准模具孔，脚踏阀门，将囊帽推向囊体，使胶囊锁紧，当脚松

开时，气缸活塞回缩，用手推动模具，让顶针复位，将胶囊顶出，收集于盛放胶囊的容器中。

充填好的胶囊挑出废品后，用胶囊抛光机进行抛光，用洁净的物料袋或容器密封保存，即完成胶囊的制备过程。

③全自动胶囊填充机：全自动胶囊填充机由主要由机座和电控系统、液晶界面、胶囊料斗、播囊装置、旋转工作台、药物料斗、充填装置、胶囊扣合装置、胶囊导出装置组成。

特点是全自动密闭式操作，可防止污染；装量准确，当物料斗里的料量低于极限值时可自动停机，防止出现不合格产品，机内有检测装置及自动排除废胶囊装置；使用国产胶囊上机率高（＞90％），国产或进口的0至5号机制标准胶囊均可用。

全自动胶囊填充机的工作过程原理如下（图29-2）。

装在料斗里的空心胶囊随着机器的运转，逐个进入顺序装置的顺序叉内，经过胶囊导槽和拨叉的作用使胶囊调头，机器每动作一次，释放一排胶囊进入模块孔内，并使其囊体在下，囊帽在上。转台的间隙转动，使胶囊在转台的模块中被输出到各工位，真空分离系统把胶囊顺入到模块孔中的同时将帽体分开。随着机器的运转，下模块向外伸出，与上模块错开，以备填充物料。药粉由一个不锈钢料斗进入计量装置的盛粉环内，盛粉环内药粉的高度由料位传感器控制。充填杆把压实的药柱推到胶囊体内，调整每组充填杆的高度可以改变装药量。下模块缩回与上模块并合，经过推杆作用使充填好的胶囊扣合锁紧，并将扣合好的成品胶囊推出收集。真空清理器清理模块孔后进入下一个循环。

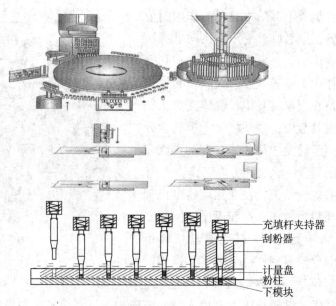

图29-2　全自动胶囊填充机工作原理示意图

三、实训内容（盐酸雷尼替丁胶囊的制备）

【仪器与材料】

仪器：电子天平，全自动胶囊填充机（或半自动胶囊填充机），乳钵（中号），烘箱，搪瓷盘，不锈钢筛网（100 目，80 目）等。

材料：盐酸雷尼替丁，滑石粉，磷酸氢钙，75% 酒精，二氧化硅等。

【制剂处方】

以原料含量为 100.0% 计算，生产 3000 粒的生产处方是（单位：g）：

原辅料名称	规格	用量	备注
盐酸雷尼替丁	97% ~ 103%	500.0	原料
滑石粉	药用	170.0	内加辅料
磷酸氢钙	药用	190.0	内加辅料
75% 酒精	药用	70.0	润湿剂
二氧化硅	药用	9.25	外加润滑剂

【制备工艺】

1. 原辅料过筛

将原料过 80 目筛，过筛后外观检查无异物；内加辅料滑石粉、磷酸氢钙，外加辅料二氧化硅过 100 目筛，过筛后外观检查无异物。

2. 内加辅料与原料的混合

将原料和内加辅料过 80 目筛 3 ~ 5 次，将二者充分混合均匀；然后喷洒入润湿剂后，混合均匀。

3. 干燥

采用干燥烘箱干燥，干燥过程中，最高温度不能超过 55℃。颗粒水分须低于 2.0%。

4. 整粒

可用快速整粒机整粒，20 目筛。整粒过程中，操作间相对湿度必须低于 60%。

5. 填充

用 CGN – 208D 半自动胶囊填充或 NJP – 1200 全自动胶囊填充机，填充于 2 号空心胶囊中，填充过程，必须控制操作间相对湿度保持在 60% 以下。

【作用与用途】

为组胺 H_2 受体阻断剂，能抑制基础胃酸分泌及刺激后的胃酸分泌，还可抑制胃蛋白酶的分泌。其抑酸强度比西咪替丁强 5 ~ 8 倍。

【注意事项】

1. 认真检查和核对物料，如外观性状、水分、含量、均匀度等应符合质量要求，空心胶囊和模具，应准确无误。

2. 填充过程随时检测胶囊重量，及时进行调整。

3. 胶囊套合应到位，锁口整齐，松紧合适，防止有叉口或凹顶的现象。

4. 抛光应控制速度，及时更换摩擦布，保证胶囊洁净。

【分析与讨论】

1. 本品原料极易潮解，所以严格控制生产环境的湿度是生产过程质量控制的一个重点。胶囊填充操作室按 30 万级洁净度要求，室内相对室外呈正压，温度 18℃ ~ 26℃、相对湿度 45% ~65%。

2. 按胶囊填充设备标准操作规程依次装好各个部件，接上电源，连接空压机，调试机器，确认机器处于正常状态。

3. 让机器空运转，确认无异常后，将空心胶囊加入囊斗中，药物粉末或颗粒加入料斗，试填充，调节装量，称重量，计算装量差异，检查外观、套合、锁口是否符合要求。确认符合要求并经 QA 人员确认合格。

4. 试填充合格后，机器进入正常填充。填充过程经常检查胶囊的外观、锁口以及装量差异是否符合要求，随时进行调整。

5. 及时对充填装置进行调整，以保证填充出来的胶囊装量合格。

6. 填充完毕，关机，胶囊盛装于双层洁净物料袋，装入洁净周转桶，加盖封好后，交中间站。并称重贴签，及时准确填写生产记录，并进行物料平衡。

7. 运行过程中随时检查设备性能是否正常，一般故障自己排除；自己不能排除的，通知维修人员维修，正常后方可使用。

【思考题】

1. 胶囊填充过程中可能发生的质量问题及解决办法有哪些？

2. 本实训的质量控制关键点是哪些？

3. 本胶囊剂生产的洁净环境要求是什么？

4. 简述胶囊剂的制备过程。

四、制剂质量检查与评价

1. 外观

套合到位，锁口整齐，松紧合适，无叉口或凹顶现象，应随时观察，及时调整。抽查 100 粒，外观整洁，大小长短一致，颜色均匀一致，有光泽度，不得有褪色、变色现象，无斑点，无砂眼、破裂、漏粉、附粉、变形、异臭、发霉现象。梅花头、皱皮、缺角、瘪头、气泡等不超过 1%。

2. 装量差异

按《中国药典》2010 版规定的方法检查，当平均装量大于或等于 0.3g/粒时，装量差异应小于 ±6.5%；当平均装量低于 0.3g/粒时，装量差异应小于 9.0%。

3. 崩解时限

取胶囊剂 6 粒，用崩解仪测定，应在 20 分钟内全部崩解，否则应复试。

4. 含量

按《中国药典》2010 版二部含量测定项下方法检查，胶囊主药含量应为 97.0% ~ 105.0%。

五、制剂技能考核评价标准

测试项目	技能要求	分值
实训准备	着装整洁，卫生习惯好 实验内容、相关知识，正确选择所需的材料及设备，正确洗涤	5
实训记录	正确、及时记录实验的现象、数据	10
实训操作	按照实际操作计算处方中的药物用量，正确称量药物 按照实验步骤正确进行实验操作及仪器使用。按时完成	10
	盐酸雷尼替丁胶囊制备： （1）将原料过 80 目筛，过筛后外观检查无异物；内加辅料滑石粉、磷酸氢钙，外加辅料二氧化硅过 100 目筛 （2）将原料和内加辅料过 80 目筛 3 - 5 次，将二者充分混合均匀；然后喷洒入润湿剂后，混合均匀 （3）采用干燥烘箱干燥，干燥过程中，最高温度不能超过 55℃。颗粒水分须低于 2.0% （4）整粒：可用快速整粒机整粒，或过 20 目筛。整粒过程中，操作间相对湿度必须低于 60% （5）填充；用 CGN - 208D 半自动胶囊填充或 NJP - 1200 全自动胶囊填充机，填充于 2 号空心胶囊中，填充过程，必须控制操作间相对湿度保持在 60% 以下	50
成品质量	本品为盐酸雷尼替丁胶囊，外观整洁，大小长短一致，颜色均匀一致，有光泽度，含量，装量差异，崩解时限均应符合中国药典要求	10
清场	按要求清洁仪器设备、实验台，摆放好所用药品	5
实训报告	实验报告工整，项目齐全，结论准确，并能针对结果进行分析讨论	10
合计		100

（刘葵、苏其果）

实训 三十 硝苯地平缓释微丸的制备与质量考查

一、实训目的

1. 掌握微丸的几种制备方法。
2. 掌握各种微丸制备方法的原理。
3. 通过测堆密度、目测外观圆整度评价三种方法制备微丸的效果。

二、实训指导

微丸是指药物和辅料组成的直径小于 2.5mm 的圆球状实体，可根据不同需要制成快速、慢速或控制释放药物的微丸，一般填充于硬胶囊中，或袋装或压制成片剂后服用。

微丸通常分为丸芯和外包裹的薄膜衣组成，用于丸芯的辅料主要有稀释剂和黏合剂，用于薄膜衣的辅料有用成膜材料、增塑剂，有时根据需要加入一定量的致孔剂、润滑剂和表面活性剂等。

先制备微丸，然后装胶囊或分袋包装，这对于缓控制剂的研制很有意义。它可以通过包衣层厚度或分组包衣来达到缓控释制剂的要求，尤其是它以每个小丸为一个释放单元，个别单元不规则的释药对一个剂量的释药行为影响不大。通过调整膜衣厚度和膜衣处方或分组膜衣处方，可很好控制单个剂量的释药行为，降低产生突释的可能性。

制备微丸所用丸芯的粒径很小，一般为 $80 \sim 200\mu m$，外观很圆，微丸一般为 $500 \sim 1000\mu m$，离心层积法、球晶造粒法、乳化法、糖衣锅法需用丸芯，其他方法不用丸芯。

微丸的制备方法很多，可分为包衣锅法、沸腾床制粒包衣、离心造粒法、振荡滴制法、挤出滚圆法等。

三、实训内容

【制剂处方】

1. 丸心处方

硝苯地平　　　　　30g

可压性淀粉　　　　360g

10% PVP 无水乙醇液100g

2. 包衣液处方

乙基纤维素   20g

PEG6000   10g

邻苯二甲酸二乙酯 5g

丙酮/乙醇（3:7） 1000ml

【仪器与材料】

仪器：DPL1/3 型多功能制粒/包衣机；电子天平，搪瓷盘，不锈钢筛网（100 目，60 目）等。

药品及材料：硝苯地平，可压性淀粉，无水乙醇液，乙基纤维素，PEG6000，邻苯二甲酸二乙酯丙酮，乙醇。

【制备工艺】

1. 丸心的制备

将 NF100 目粉与可压性淀粉混合，过 60 目筛再混合，充分混合均匀后，装入物料，调试机器后，按 DPL1/3 操作规程进行操作，即得。

2. 包衣

（1）将包衣材料乙基纤维素用丙酮/乙醇（3:7）浸泡溶解后，加入邻苯二甲酸二乙酯、PEG6000 轻微搅拌溶解，即得。

（2）将上述包衣液装入 DPL1/3 型的雾化器，设置好运行参数并进行调试，完成后操作规程进行操作，即得。

【作用与用途】

作用与用途同钙通道阻滞药，钙离子内流阻滞剂和慢性通道阻滞剂，可用于缓解心绞痛及抗高血压。

【知识拓展】

缓释型包衣材料

缓释型包衣材料是指在胃液中及肠液中均不溶的材料，通过控制药物扩散和溶出，以达到延缓药物的释放的目的。常用的有：

1. 乙基纤维素（EC）不溶于水和胃肠液，能溶于多数的有机溶剂，常与水溶性包衣材料如 PEG、HPMC 等合用，改变 EC 与水溶性包衣材料的比例，可调节改变药物扩散和释放，可用于缓释、控释制剂。

2. 酸纤维素（CA）不溶于水，易溶于有机溶剂，成膜性好。形成膜具有半透性，是制备渗透泵片或控释片剂最常用的包衣材料，也可以加入助渗剂或致孔剂如 PEG、十二烷基硫酸钠等水溶性物质形成微孔膜，适用于水溶性药物的控释片。

【分析与讨论】

1. 硝苯地平需避光，否则易分解。

2. 包衣液为有机溶剂，操作过程中注意防火，防爆，防止污染。

3. 包衣液中加入 PEG6000 为致孔剂，邻苯二甲酸二乙酯起增塑作用。

【思考题】

1. 在操作过程中如何控制微丸的形状？

2. 用各种制丸方法制得的微丸各有何特点？

3. 微丸在应用上有何特点？有哪些制备方法？

四、制剂质量检查与评价

1. 外观

光滑，圆整，大小分布应均匀，几乎无相互粘连现象。

2. 产率

称量干燥后成球丸核的质量与投料药粉的质量，比较并计算产率。

3. 粒径和粒径分布

采用筛分析法测定微丸的粒径和粒径分布，并计算成球微丸的收率。

4. 堆密度

取适量定量丸核，使之缓缓通过一玻璃漏斗倾倒至一量筒内，测定小丸的松容积，计算丸核的堆密度。

5. 休止角

将一定量的微丸在指定高度从小孔漏斗中落到硬的平面后，测量小丸的堆积高度（H）和堆积半径（r），$\tan \theta = H / r$（θ 即休止角），休止角越小，说明微丸的流动性越好。

6. 脆碎度

是衡量微丸剥落趋势的指标。测定方法是取定量的微丸，加入玻璃珠一起置片剂四用测定仪中旋转 5 分钟，收集并称定通过 30 目筛的细粉量，计算丸核失重百分率。

7. 释放度检查

本品为新型缓释制剂，照释放度测定法［附录 X D 第二法（1）］，其释放速率应符合相关规定。

五、制剂技能考核评价标准

测试项目	技能要求	分值
实训准备	着装整洁，卫生习惯好 实验内容、相关知识，正确选择所需的材料及设备，正确洗涤	5
实训记录	正确、及时记录实验的现象、数据	10
实训操作	按照实际操作计算处方中的药物用量，正确称量药物 按照实验步骤正确进行实验操作及仪器使用。按时完成	10

续表

测试项目	技能要求	分值
实训操作	1. 丸心的制备：将 NF100 目粉与可压性淀粉混合，过 60 目筛再混合，充分混合均匀后，装入物料，调试机器后，是否按 DPL1/3 操作规程进行操作 2. 包衣 （1）将包衣材料乙基纤维素用丙酮/乙醇（3∶7）浸泡溶解后，加入邻苯二甲酸二乙酯、PEG6000 轻微搅拌溶解 （2）将上述包衣液装入 DPL1/3 型的雾化器，设置好运行参数并进行调试，完成后是否操作规程进行操作	50
成品质量	本品为硝苯地平（NF）缓释微丸，外观光滑，圆整，大小分布应均匀，无相互粘连现象	10
清场	按要求清洁仪器设备、实验台，摆放好所用药品	5
实训报告	实验报告工整，项目齐全，结论准确，并能针对结果进行分析讨论	10
合计		100

（刘 葵 张 彦）

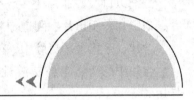

附　录

附录一 常用制剂通则

附录 I A 片剂

片剂系指药物与适宜的辅料混匀压制而成的圆片状或异形片状的固体制剂。

片剂以口服普通片为主，另有含片、舌下片、口腔贴片、咀嚼片、分散片、可溶片、泡腾片、阴道片、阴道泡腾片、缓释片、控释片与肠溶片等。

含片　系指含于口腔中，药物缓慢溶解产生持久局部作用的片剂。

含片中的药物应是易溶性的，主要起局部消炎、杀菌、收敛、止痛或局部麻醉作用。

含片照崩解时限检查法（附录 X A）检查，除另有规定外，30 分钟内应全部崩解。

舌下片　系指置于舌下能迅速溶化，药物经舌下黏膜吸收发挥全身作用的片剂。

舌下片中的药物与辅料应是易溶性的，主要适用于急症的治疗。照崩解时限检查法（附录 X A）检查，除另有规定外，5 分钟内应全部崩解。

口腔贴片　系指粘贴于口腔，经黏膜吸收后起局部或全身作用的片剂。

口腔贴片应进行溶出度或释放度检查。

咀嚼片　系指于口腔中咀嚼或吮服使片剂溶化后吞服，在胃肠道中发挥作用或经胃肠道吸收发挥全身作用的片剂。

咀嚼片口感、外观均应良好，一般应选择甘露醇、山梨醇、蔗糖等水溶性辅料作填充剂和黏合剂。咀嚼片的硬度应适宜。

分散片　系指在水中能迅速崩解并均匀分散的片剂。

分散片中的药物应是难溶性的。分散片可加水分散后口服，也可将分散片含于口中吮服或吞服。分散片应进行溶出度检查。

可溶片　系指临用前能溶解于水的非包衣片或薄膜包衣片剂。

可溶片应溶解于水中，溶液可呈轻微乳光。可供外用、含漱等用。

泡腾片　系指含有碳酸氢钠和有机酸，遇水可产生气体而呈泡腾状的片剂。

泡腾片中的药物应是易溶性的，加水产生气泡后应能溶解。有机酸一般用枸橼酸、酒石酸、富马酸等。

阴道片与阴道泡腾片　系指置于阴道内应用的片剂。阴道片和阴道泡腾片的形状应易置于阴道内，可借助器具将阴道片送入阴道。阴道片为普通片，在阴道内应易融化、崩解并释放药物，主要起局部消炎杀菌作用，也可给予性激素类药物。具有局部刺激性的药物，不得制成阴道片。

阴道片应符合普通片的规定。阴道泡腾片应符合泡腾片规定。

缓释片　系指在水中或规定的释放介质中缓慢地非恒速释放药物的片剂。缓释片应符合缓释制剂的有关要求（附录ⅪⅩ D）并应进行释放度检查。

控释片　系指在水中或规定的释放介质中缓慢地恒速或接近恒速释放药物的片剂。控释片应符合控释制剂的有关要求（附录ⅪⅩ D）并应进行释放度检查。

肠溶片　系指用肠溶性包衣材料进行包衣的片剂。

为防止药物在胃内分解失效、对胃的刺激或控制药物在肠道内定位释放，可对片剂包肠溶衣；为治疗结肠部位疾病等，可对片剂包结肠定位肠溶衣。

肠溶片除另有规定外，应进行释放度检查。

片剂在生产与贮藏期间应符合下列规定。

一、原料药与辅料混合均匀。含药量小或含毒、剧药物的片剂，应采用适宜方法使药物分散均匀。

二、凡属挥发性或对光、热不稳定的药物，在制片过程中应遮光、避热，以避免成分损失或失效。

三、压片前的颗粒应控制水分，以适应制片工艺的需要，防止片剂在贮存期间发霉、变质。

四、含片、口腔贴片、咀嚼片、分散片、泡腾片根据需要可加入矫味剂、芳香剂和着色剂等附加剂。

五、为增加稳定性、掩盖药物不良臭味、改善片剂外观等，可对片剂进行包衣。

六、片剂外观应完整光洁，色泽均匀，有适宜的硬度和耐磨性，除另有规定外，对于非包衣片，应符合片剂脆碎度检查法的要求，防止包装、贮运过程中发生磨损或破碎。

七、片剂的溶出度、释放度、含量均匀度、微生物限度等应符合要求。必要时，薄膜包衣片剂应检查残留溶剂。

八、除另有规定外，片剂应密封贮存。

【重量差异】　　片剂重量差异的限度，应符合下列有关规定。

平均片重或标示片重	重量差异限度
0.30g 以下	±7.5%
0.30g 至 0.30g 以上	±5%

检查法　取供试品 20 片，精密称定总重量，求得平均片重后，再分别精密称定每片的重量，每片重量与平均片重相比较（凡无含量测定的片剂，每片重量应与标示片重比较），超出重量差异限度的不得多于 2 片，并不得有 1 片超出限度 1 倍。

糖衣片的片芯应检查重量差异并符合规定，包糖衣后不再检查重量差异。薄膜衣片应在包薄膜衣后检查重量差异并符合规定。

凡规定检查含量均匀度的片剂，一般不再进行重量差异检查。

【崩解时限】 照"崩解时限检查法"（附录Ⅹ A）检查，应符合规定。

咀嚼片不进行崩解时限检查。

凡规定检查溶出度、释放度或融变时限的片剂，不再进行崩解时限检查。

【融变时限】 阴道片照"融变时限检查法"（附录Ⅹ B）检查，应符合规定。

【发泡量】 阴道泡腾片照下述方法检查，发泡量应符合规定。

检查法 取25ml具塞刻度试管（内径1.5cm）10支，各精密加水2ml，置37℃±1℃水浴中5分钟后，各管中分别投入供试品1片，密塞，20分钟内观察最大发泡量的体积，平均发泡体积应不少于6ml，且少于3ml的不得超过2片。

【分散均匀性】 分散片照下述方法检查，分散均匀性应符合规定。

检查法 取供试品2片，置20℃±1℃的100ml水中，振摇3分钟，应全部崩解并通过2号筛。

【微生物限度】 口腔贴片、阴道片、阴道泡腾片和外用可溶片照"微生物限度检查法"（附录ⅩⅡ J）检查，应符合规定。

附录 I B　注射剂

注射剂系指药物制成的供注入体内的溶液、乳液或混悬液及供临用前配制或稀释成溶液或混悬液的粉末或浓溶液的无菌制剂。

注射剂可分为注射液、注射用无菌粉末与注射用浓溶液。

注射液　系指药物制成的供注射入体内用的无菌溶液型注射液、乳液型注射液或混悬型注射液。可用于肌内注射、静脉注射、静脉滴注等。其中，供静脉滴注用的大体积（除另有规定外，一般不小于 100ml）注射液也称静脉输液。

注射用无菌粉末　系指药物制成的供临用前用适宜的无菌溶液配制成澄清溶液或均匀混悬液的无菌粉末或无菌块状物。可用适宜的注射用溶剂配制后注射，也可用静脉输液配制后静脉滴注。无菌粉末用溶媒结晶法、喷雾干燥法或冷冻干燥法等制得。

注射用浓溶液　系指药物制成的供临用前稀释供静脉滴注用的无菌浓溶液。

注射剂在生产与贮藏期间应符合下列有关规定。

一、溶液型注射液应澄明；除另有规定外，混悬型注射液药物粒度应控制在 $15\mu m$ 以下，含 $15\sim20\mu m$（间有个别 $20\sim50\mu m$）者，不应超过 10%，若有可见沉淀，振摇时应容易分散均匀，不得用于静脉注射或椎管注射；乳液型注射液应稳定，不得有相分离现象，不得用于椎管注射，静脉用乳液型注射液分散相球粒的粒度 90% 应在 $1\mu m$ 以下，不得有大于 $5\mu m$ 的球粒。静脉输液应尽可能与血液等渗。

二、注射剂所用溶剂必须安全无害，并不得影响疗效和质量。一般分为水性溶剂和非水性溶剂。

（1）水性溶剂最常用的水性溶剂为注射用水，也可用 0.9% 氯化钠溶液或其他适宜的水溶液。

（2）非水性溶剂常用的非水性溶剂为植物油，主要为供注射用大豆油，其质量应符合"大豆油（供注射用）"标准；其他还有乙醇、丙二醇、聚乙二醇等的水溶液。

三、配制注射剂时，可根据药物的性质加入适宜的附加剂，如渗透压调节剂、pH 调节剂、增溶剂、抗氧剂、抑菌剂、乳化剂、助悬剂等。所用附加剂应不影响药物疗效，避免对检验产生干扰，使用浓度不得引起毒性或过度的刺激。常用的抗氧剂有亚硫酸钠、亚硫酸氢钠、焦亚硫酸钠，一般浓度为 0.1%～0.2%；常用抑菌剂为 0.5% 苯酚、0.3% 甲酚、0.5% 三氯叔丁醇等。多剂量包装的注射液可加适宜的抑菌剂，抑菌剂的用量应能抑制注射液中微生物的生长，加有抑菌剂的注射液，仍应用适宜的方法灭菌。静脉输液与脑池内、硬膜外、椎管内用的注射液均不得加抑菌剂。除另有规定外，一次注射量超过 15ml 的注射液，不得加抑菌剂。

四、注射剂常用容器有玻璃安瓿、玻璃瓶、塑料安瓿、塑料瓶等。容器的密封性，须用适宜的方法确证。除另有规定外，容器应符合有关注射用玻璃容器和塑料容器的国家标准规定。容器用胶塞特别是多剂量包装注射液用的胶塞要有足够的弹性，其质量应符合有关国家标准规定。

五、生产过程中应尽可能缩短注射剂的配制时间，防止微生物与热原的污染及药物变质。静脉输液的配制过程更应严格控制。制备混悬型注射液、乳液型注射液过程中，要采取必要的措施，保证粒子大小符合质量标准的要求。注射用无菌粉末应按无菌操作制备。

六、灌装标示装量为不大于 50ml 的注射剂，应按下表适当增加装量。除另有规定外，多剂量包装的注射剂，每一容器的装量不得超过 10 次注射量，增加装量应能保证每次注射用量。

标示装量/ml	增加量/ml	
	易流动液	黏稠液
0.5	0.10	0.12
1	0.10	0.15
2	0.15	0.25
5	0.30	0.50
10	0.50	0.70
20	0.60	0.90
50	1.0	1.50

接触空气易变质的药物，在灌装过程中，应排除容器内空气，可填充二氧化碳或氮等气体，立即熔封或严封。

七、熔封或严封后，一般应根据药物性质选用适宜的方法灭菌，必须保证制成品无菌。注射剂在灭菌时或灭菌后，应采用减压法或其他适宜的方法进行容器检漏。

八、注射剂的细菌内毒素或热原等应符合规定。

九、除另有规定外，注射剂应遮光贮存。

十、加有抑菌剂的注射剂，在标签中应标明所加抑菌剂的名称与浓度；注射用无菌粉末，应标明所用溶剂。

【装量】　注射液及注射用浓溶液装量，应符合下列规定。

标示装量为不大于 2ml 者取供试品 5 支，2ml 以上至 50ml 者取供试品 3 支；开启时注意避免损失，将内容物分别用相应体积的干燥注射器及注射针头抽尽，然后注入经标化的量具内（量具的大小应使待测体积至少占其额定体积的 40%），在室温下检视。测定油溶液或混悬液的装量时，应先加温摇匀，再用干燥注射器及注射针头抽尽后，同前法操作，放冷，检视，每支的装量均不得少于其标示量。

标示装量为 50ml 以上的注射液及注射用浓溶液照"最低装量检查法"（附录 X F）检查，应符合规定。

【装量差异】　除另有规定外，注射用无菌粉末装量差异限度，应符合下列规定。

检查法 取供试品 5 瓶（支），除去标签、铝盖，容器外壁用乙醇擦净，干燥，开启时注意避免玻璃屑等异物落入容器中，分别迅速精密称定，倾出内容物，容器用水或乙醇洗净，在适宜条件下干燥后，再分别精密称定每一容器的重量，求出每瓶（支）

的装量与平均装量。每瓶（支）装量与平均装量相比较，应符合下列规定，如有 1 瓶（支）不符合规定，应另取 10 瓶（支）复试，应符合规定。

平均装量	装量差异限度
0.05g 以下至 0.05g	±15%
0.05g 以上至 0.15g	±10%
0.15g 以上至 0.50g	±7%
0.50g 以上	±5%

凡规定检查含量均匀度的注射用无菌粉末，可不进行装量差异检查。

【可见异物】　除另有规定外，溶液型注射液、溶液型注射用无菌粉末及注射用浓溶液照"可见异物检查法"（附录Ⅸ H）检查，应符合规定。

【不溶性微粒】　除另有规定外，溶液型静脉用注射液、溶液型静脉用注射用无菌粉末及注射用浓溶液照"注射剂中不溶性微粒检查法"（附录Ⅸ C）检查，均应符合规定。

【无菌】　照"无菌检查法"（附录 XII H）检查，应符合规定。

【细菌内毒素】　或【热原】除另有规定外，静脉用注射剂按各品种项下的规定，照细菌内毒素检查法（附录 XI E）或热原检查法（附录 XI D）检查，应符合规定。

附录 I C　酊剂

　　酊剂系指药物用规定浓度的乙醇浸出或溶解而制成的澄清液体制剂，也可用流浸膏稀释制成。供口服或外用。

　　酊剂在生产与贮藏期间应符合下列有关规定。

　　一、除另有规定外，含有毒剧药品的酊剂，每 100ml 应相当于原药物 10g；其他酊剂，每 100ml 相当于原药物 20g。

　　二、含有毒剧药品酊剂的有效成分，应根据其半成品的含量加以调整，使符合各该酊剂项下的规定。

　　三、酊剂可用溶解法、稀释法、浸渍法或渗漉法制备。

　　（1）溶解法或稀释法取药物的粉末或流浸膏，加规定浓度的乙醇适量，溶解或稀释，静置，必要时滤过，即得。

　　（2）浸渍法取适当粉碎的药材，置有盖容器中，加入溶剂适量，密盖，搅拌或振摇，浸渍 3~5 日或规定的时间，倾取上清液，再加入溶剂适量，依法浸渍至有效成分充分浸出，合并浸出液，加溶剂至规定量后，静置 24 小时，滤过，即得。

　　（3）渗漉法照流浸膏剂项下的方法（本版药典一部附录 I O），用溶剂适量渗漉，至流出液达到规定量后，静置，滤过，即得。

　　四、酊剂久置产生沉淀时，在乙醇和有效成分含量符合各品种项下规定的情况下，可滤过除去沉淀。

　　五、酊剂应遮光密封，置阴凉处贮存。

　　【装量】　照"最低装量检查法"（附录 X F）检查，应符合规定。

　　【微生物限度】　除另有规定外，照"微生物限度检查法"（附录 XII J）检查，应符合规定。

附录 I D　栓剂

栓剂系指药物与适宜基质制成供腔道给药的固体制剂。

栓剂因施用腔道的不同，分为直肠栓、阴道栓和尿道栓。直肠栓为鱼雷形、圆锥形或圆柱形等，供成人用直肠栓；阴道栓为鸭嘴形、球形或卵形；尿道栓一般为棒状。

除普通栓剂外，栓剂因释药速率的不同，有快速释药的栓剂如中空栓及持续释药的缓释栓之分。

栓剂在生产与贮藏期间均应符合下列有关规定。

一、栓剂常用基质为半合成脂肪酸甘油酯、可可豆脂、聚氧乙烯硬脂酸酯、聚氧乙烯山梨聚糖脂肪酸酯、氢化植物油、甘油明胶、聚乙二醇类或其他适宜物质。

二、因油脂性基质如可可豆脂在阴道内不能被吸收形成残留物，不作阴道栓用基质。常用水溶性或水能混溶的基质制备阴道栓。

三、除另有规定外，供制栓剂用的固体药物，应预先用适宜方法制成细粉，并全部通过六号筛。根据施用腔道和使用目的的不同，制成各种适宜的形状。

四、根据需要可加入表面活性剂、稀释剂、吸收剂、润滑剂和防腐剂等。

五、栓剂中的药物与基质应混合均匀，栓剂外形要完整光滑；塞入腔道后应无刺激性，应能融化、软化或溶化，并与分泌液混合，逐渐释放出药物，产生局部或全身作用；并应有适宜的硬度，以免在包装或贮存时变形。

六、缓释栓剂应进行释放度检查，不再进行融变时限检查。

七、除另有规定外，应在 30℃ 以下密闭贮存，防止因受热、受潮而变形、发霉、变质。

【重量差异】　栓剂重量差异限度，应符合下列规定。

平均粒重	重量差异限度
1.0g 以下至 1.0g	±10%
1.0g 以上至 3.0g	±7.5%
3.0g 以上	±5%

检查法　取供试品 10 粒，精密称定总重量，求得平均粒重后，再分别精密称定各粒的重量。每粒重量与平均粒重相比较，超出重量差异限度的不得多于 1 粒，并不得超出限度 1 倍。

凡规定检查含量均匀度的栓剂，可不进行重量差异检查。

【融变时限】　除另有规定外，照"融变时限检查法"（附录 X B）检查，应符合规定。

【微生物限度】　照"微生物限度检查法"（附录 XII J）检查，应符合规定。

附录 I E　胶囊剂

胶囊剂系指药物或加有辅料充填于空心胶囊或密封于软质囊材中的固体制剂。

胶囊剂依据其溶解与释放特性，可分为硬胶囊（通称为胶囊）、软胶囊（胶丸）、缓释胶囊、控释胶囊和肠溶胶囊，主要供口服用。

硬胶囊　系采用适宜的制剂技术，将药物或加适宜辅料制成粉末、颗粒、小片或小丸等充填于空心胶囊中。

软胶囊　系将一定量的液体药物直接包封，或将固体药物溶解或分散在适宜的赋形剂中制备成溶液、混悬液、乳液或半固体，密封于球形或椭圆形的软质囊材中，可用滴制法或压制法制备。软质囊材是由胶囊用明胶、甘油或其他适宜的药用材料单独或混合制成。

缓释胶囊　系指在水中或规定的释放介质中缓慢地非恒速释放药物的胶囊剂。缓释胶囊应符合缓释制剂的有关要求并应进行释放度检查。

控释胶囊　系指在水中或规定的释放介质中缓慢地恒速或接近恒速释放药物的胶囊剂。控释胶囊应符合控释制剂的有关要求并应进行释放度检查。

肠溶胶囊　系指硬胶囊或软胶囊经药用高分子材料处理或其他适宜方法加工而成；可用适宜的肠溶材料制备而得，也可用经肠溶材料包衣的颗粒或小丸填充胶囊而制成。肠溶胶囊不溶于胃液，但能在肠液中崩解而释放活性成分。

胶囊剂在生产与贮藏期间应符合下列有关规定。

一、胶囊剂内容物不论其活性成分或辅料，均不应造成胶囊壳的变质。

二、硬胶囊可根据下列制剂技术制备不同形式内容物充填于空心胶囊中。

1. 将药物加适宜的辅料如稀释剂、助流剂、崩解剂等制成均匀的粉末、颗粒或小片。

2. 将速释小丸、缓释小丸、控释小丸或肠溶小丸单独填充或混合后填充，必要时加入适量空白小丸作填充剂。

3. 将药物粉末直接填充。

4. 药物的包合物、固体分散体、微囊或微球。

5. 溶液、混悬液、乳液等也可采用特制灌囊机填充于空心胶囊中，必要时密封。

三、小剂量药物，应先用适宜的稀释剂稀释，并混合均匀。

四、胶囊剂应整洁，不得有黏结、变形、渗漏或囊壳破裂现象，并应无异臭。

五、胶囊剂的溶出度、释放度、含量均匀度、微生物限度等应符合要求。必要时，内容物包衣的胶囊剂应检查残留溶剂。

六、除另有规定外，胶囊剂应密封贮存，其存放环境温度不高于 30℃，湿度应适宜，防止受潮、发霉、变质。

【装量差异】　胶囊剂装量差异限度，应符合下列规定。

平均装量	装量差异限度
0.30g 以下	±10%
0.30g 至 0.30g 以上	±7.5%

　　检查法　除另有规定外，取供试品 20 粒，分别精密称定重量后，倾出内容物（不得损失囊壳），硬胶囊用小刷或其他适宜用具拭净，软胶囊用乙醚等易挥发性溶剂洗净，置通风处使溶剂自然挥发尽，再分别精密称定囊壳重量，求出每粒内容物的装量与平均装量。每粒的装量与平均装量相比较，超出装量差异限度的不得多于 2 粒，并不得有 1 粒超出限度 1 倍。

　　凡规定检查含量均匀度的胶囊剂，可不进行装量差异的检查。

　　【崩解时限】　　除另有规定外，照"崩解时限检查法"（附录 X A）检查，均应符合规定。

　　凡规定检查溶出度或释放度的胶囊剂，可不进行崩解时限的检查。

附录 I F 软膏剂 乳膏剂 糊剂

软膏剂 系指药物与油脂性或水溶性基质混合制成均匀的半固体外用制剂。因药物在基质中分散状态不同，有溶液型软膏剂和混悬型软膏剂之分。溶液型软膏剂为药物溶解（或共熔）于基质或基质组分中制成的软膏剂；混悬型软膏剂为药物细粉均匀分散于基质中制成的软膏剂。

乳膏剂 系指药物溶解或分散于乳液型基质中形成均匀的半固体外用制剂。乳膏剂由于基质不同，可分为水包油型乳膏剂与油包水型乳膏剂。

糊剂 系指大量的固体粉末（一般 25% 以上）均匀地分散在适宜的基质中所组成的半固体外用制剂。可分为单相含水凝胶性糊剂和脂肪糊剂。

软膏剂、乳膏剂、糊剂在生产与贮藏期间均应符合下列规定。

一、软膏剂、乳膏剂、糊剂选用基质应根据各剂型的特点、药物的性质、制剂的疗效和产品的稳定性。基质也可由不同类型基质混合组成。

软膏剂基质可分为油脂性基质和水溶性基质。油脂性基质常用的有凡士林、石蜡、液状石蜡、硅油、蜂蜡、硬脂酸、羊毛脂等。水溶性基质主要有聚乙二醇；乳膏剂基质可分为水包油型乳化剂和油包水型乳化剂。水包油型乳化剂有钠皂、三乙醇胺皂类、脂肪醇硫酸（酯）钠类（十二烷基硫酸钠）和聚山梨酯类等。油包水型乳化剂有钙皂、羊毛脂、单甘油酯、脂肪醇等。

二、软膏剂、乳膏剂、糊剂基质应均匀、细腻，涂于皮肤或黏膜上应无刺激性。混悬型软膏剂中不溶性固体药物及糊剂的固体成分，均应预先用适宜的方法磨成细粉，确保粒度符合规定。

三、软膏剂、乳膏剂根据需要可加入保湿剂、防腐剂、增稠剂、抗氧剂及透皮促进剂。

四、软膏剂、乳膏剂应具有适当的黏稠度，糊剂稠度一般较大。但均应易涂布于皮肤或黏膜上，不融化，黏稠度随季节变化应很小。

五、软膏剂、乳膏剂、糊剂应无酸败、异臭、变色、变硬，乳膏剂不得有油水分离及胀气现象。

六、除另有规定外，软膏剂、糊剂应遮光密闭贮存；乳膏剂应密封，置 25℃ 以下贮存，不得冷冻。

【粒度】 除另有规定外，混悬型软膏剂取适量的供试品，涂成薄层，薄层面积相当于盖玻片面积，共涂三片，照"粒度测定法"（附录 IX E 第一法）检查，均不得检出大于 180μm 的粒子。

【装量】 照"最低装量检查法"（附录 X F）检查，应符合规定。

【无菌】 用于烧伤或严重损伤的软膏剂与乳膏剂，照"无菌检查法"（附录 XII H）检查，应符合规定。

　　【微生物限度】　除另有规定外，照"微生物限度检查法"（附录 XII J）检查，应符合规定。

附录 I G 眼用制剂

眼用制剂系指由药物制成的直接用于眼部发挥治疗作用的制剂。眼用制剂可分为眼用液体制剂（滴眼剂、洗眼剂、眼内注射溶液）、眼用半固体制剂（眼膏剂、眼用乳膏剂、眼用凝胶剂）、眼用固体制剂（眼膜剂、眼丸剂、眼内插入剂）等。也可以固态形式包装，另备溶剂，在临用前配成溶液或混悬液。

眼用制剂在生产与贮藏期间应符合下列有关规定。

一、滴眼剂中可加入调节渗透压、pH、黏度以及增加药物溶解度和制剂稳定的辅料，并可加适宜浓度的抑菌剂和抗氧剂。所用辅料不应降低药效或产生局部刺激。

二、除另有规定外，滴眼剂应与泪液等渗，并应进行渗透压摩尔浓度测定。混悬型滴眼剂的沉降物不应结块或聚集，经振摇应易再分散，并应检查沉降体积比。滴眼剂每个容器的装量，除另有规定外，应不超过 10ml。

三、洗眼剂属用量较大的眼用制剂，应基本与泪液等渗并具有相近 pH。多剂量的洗眼剂一般应加适当抑菌剂，并在使用期间内均能发挥抑菌作用。多剂量洗眼剂每个容器的装量除另有规定外，应不超过 200ml。

四、眼用半固体制剂基质应过滤并灭菌，不溶性药物应预先制成极细粉。眼膏剂、眼用乳膏剂、眼用凝胶剂应均匀、细腻、无刺激性，并易涂布于眼部，便于药物分散和吸收。多剂量包装的装量应不超过 5g。

五、眼内注射溶液、眼内插入剂及供手术、伤口、角膜穿通伤用的眼用制剂，均不应加抑菌剂或抗氧剂或不适当的缓冲剂，且应单剂量包装于无菌容器内。

六、包装容器应不易破裂，并清洗干净及灭菌，其透明度应不影响可见异物检查。

七、眼用制剂的含量均匀度等应符合要求。

八、除另有规定外，眼用制剂应遮光密封，置阴凉处贮存。

九、多剂量包装的眼用制剂在启用后最多可使用 4 周。

【可见异物】 除另有规定外，滴眼剂照"可见异物检查法"（附录Ⅸ H）中滴眼剂项下的方法检查，应符合规定；眼内注射溶液照"可见异物检查法"（附录Ⅸ H）中注射剂项下的方法检查，应符合规定。

【粒度】 除另有规定外，混悬型眼用制剂照下述方法检查，粒度应符合规定。

混悬型滴眼剂检查法 取供试品强烈振摇，立即量取适量（相当于主药 10 μg）置于载玻片上，照"粒度测定法"（附录Ⅸ E 第一法）检查，大于 50 μm 的粒子不得过 2 个，且不得检出大于 90μm 的粒子。

混悬型眼用半固体制剂检查法 取供试品 10 个，将内容物全部挤于合适的容器中，搅拌均匀，取适量（相当于主药 10μg）置于载玻片上，涂成薄层，薄层面积相当于盖玻片面积，共涂三片，照"粒度测定法"（附录Ⅸ E 第一法）检查，每个涂片中大于 50μm 的粒子不得过 2 个，且不得检出大于 90μm 的粒子。

【沉降体积比】 混悬型滴眼剂照下述方法检查，沉降体积比应不低于 0.90。

检查法　除另有规定外，用具塞量筒量取供试品 50 ml，密塞，用力振摇 1 分钟，记下混悬物的开始高度 H_0，静置 3 小时，记下混悬物的最终高度 H，按下式计算：

$$沉降体积比 = H/H_0$$

【金属性异物】　除另有规定外，眼用半固体制剂照下述方法检查，金属性异物应符合规定。

检查法　取供试品 10 个，分别将全部内容物置于底部平整光滑、无可见异物和气泡、直径为 6cm 的平底培养皿中，加盖，除另有规定外，在 85℃保温 2 小时，使供试品摊布均匀，室温放冷至凝固后，倒置于适宜的显微镜台上，用聚光灯从上方以 45°角的入射光照射皿底，放大 30 倍，检视不小于 50μm 且具有光泽的金属性异物数。10 个中每个内含金属性异物超过 8 粒者，不得过 1 个，且其总数不得过 50 粒；如不符合上述规定，应另取 20 个复试；初试、复试结果合并计算，30 个中每个内含金属性异物超过 8 粒者，不得过 3 个，且其总数不得过 150 粒。

【重量差异】　除另有规定外，单剂量包装的眼用固体或半固体制剂重（装）量差异限度，应符合以下规定。

检查法　取供试品 20 个，分别称量内容物，计算平均重量，超过平均重量 ±10% 者不得过 2 个，并不得有超过平均重量 ±20% 者。

凡规定检查含量均匀度的眼用制剂，可不进行重（装）量差异的检查。

【装量】　单剂量包装的眼用液体制剂装量，应符合下列规定。

取供试品 10 个，分别将内容物倾尽，测定其装量，每个装量均不得少于其标示量。

多剂量包装的眼用制剂，照"最低装量检查法"（附录Ⅹ F）检查，应符合规定。

【无菌】　眼内注射溶液、眼内插入剂及供手术、伤口、角膜穿通伤用的眼用制剂，照"无菌检查法"（附录 XII J）检查，应符合规定。

【微生物限度】　眼用液体制剂　除另有规定外，按薄膜过滤法或直接接种法（附录 XII H 无菌检查法）检查，至少从 2 支供试品抽取规定量（每种培养基各接种 2 支，每支 1 ml），直接或处理后接种于硫乙醇流体培养基及改良马丁培养基中。培养 7 天，不得有菌生长。

眼用半固体及固体制剂　除另有规定外，照"微生物限度检查法"（附录 XII J）检查，应符合规定。

附录 I H 丸剂

丸剂系指药物与适宜的辅料均匀混合，以适当方法制成的球状或类球状固体制剂。丸剂包括滴丸、糖丸、小丸等。

滴丸　系指固体或液体药物与适宜的基质加热熔融后溶解、乳化或混悬于基质中，再滴入不相混溶、互不作用的冷凝液中，由于表面张力的作用使液滴收缩成球状而制成的制剂，主要供口服用。

滴丸基质包括水溶性基质和非水溶性基质，常用的有聚乙二醇类（如聚乙二醇6000、聚乙二醇4000等）、泊洛沙姆、硬脂酸聚烃氧（40）酯、明胶、硬脂酸、单硬脂酸甘油酯、氢化植物油等。滴丸冷凝液必须安全无害，且与主药不发生作用，常用的有液状石蜡、植物油、甲基硅油和水等。

糖丸　系指以适宜大小的糖粒或基丸为核心，用糖粉和其他辅料的混合物作为撒粉材料，选用适宜的黏合剂或润湿剂制丸，并将主药以适宜的方法分次包裹在糖丸中。

小丸　系指将药物与适宜的辅料均匀混合，选用适宜的黏合剂或润湿剂以适当方法制成球状或类球状固体制剂。小丸粒径应为 0.5～2.5mm。

丸剂在生产与贮藏期间应符合下列有关规定。

一、丸剂应大小均匀、色泽一致，无粘连现象。

二、丸剂的含量均匀度和微生物限度等应符合要求。

三、滴丸在滴制成丸后，滴丸表面的冷凝液应除去。

四、根据药物的性质、使用与贮藏的要求，供口服的滴丸或小丸可包糖衣或薄膜衣。

五、除另有规定外，糖丸和小丸在包装前应在适宜条件下干燥，并按丸重大小要求用适宜筛目过筛处理。

六、除另有规定外，丸剂应密封贮存，防止受潮、发霉、变质。

【重量差异】　丸剂重量差异限度，应符合下列规定。

平均丸重	重量差异限度
0.03g 以下至 0.03g	±15%
0.03g 以上至 0.30g	±10%
0.30g 以上	±7.5%

检查法　除另有规定外，取供试品 20 丸，精密称定总重量，求得平均丸重后，再分别精密称定各丸的重量。每丸重量与平均丸重相比较，超出重量差异限度的丸剂不得多于 2 丸，并不得有 1 丸超出限度 1 倍。

单剂量包装的小丸重量差异可以取 20 个剂量单位进行检查，其重量差异限度应符合上述规定。

包糖衣丸剂应在包衣前检查丸芯的重量差异，符合规定后方可包衣。包糖衣后不再检查重量差异，薄膜衣丸应在包薄膜衣后检查重量差异并符合规定。

　　【溶散时限】　除另有规定外，照"崩解时限检查法"（附录 X A）检查，均应符合规定。

附录 I J 植入剂

植入剂系指将药物与辅料制成的供植入体内的无菌固体制剂。植入剂一般采用特制的注射器植入，也可以用手术切开植入，在体内持续释放药物，维持较长的时间。

植入剂在生产与贮藏期间应符合下列有关规定。

一、植入剂所用的辅料必须是生物相容的，可以用生物不降解材料如硅橡胶，也可用生物降解材料。前者在达到预定时间后，应将材料取出。

二、植入剂应进行释放度测定。

三、植入剂应单剂量包装，包装容器应灭菌。

四、植入剂应严封，遮光贮存。

【装量差异】　除另有规定外，植入剂的装量差异限度应符合下列规定。

检查法　取供试品 5 瓶（支），除去标签、铝盖，容器外壁用乙醇擦净，干燥，开启时注意避免玻璃屑等异物落入容器中，分别迅速精密称定，倾出内容物，容器用水或乙醇洗净，在适宜条件下干燥后，再分别精密称定每一容器的重量，求出每 1 瓶（支）的装量与平均装量。每 1 瓶（支）中的装量与平均装量相比较，应符合下列规定，如有 1 瓶（支）不符合规定，应另取 10 瓶（支）复试，应符合规定。

平均装量	装量差异限度
0.05g 以下至 0.05g	±15%
0.05g 以上至 0.15g	±10%
0.15g 以上至 0.50g	±7%
0.50g 以上	±5%

【无菌】　照"无菌检查法"（附录 XII H）检查，应符合规定。

附录ⅠK　糖浆剂

糖浆剂系指含有药物的浓蔗糖水溶液。供口服用。

糖浆剂在生产与贮藏期间应符合下列有关规定。

一、糖浆剂含蔗糖量应不低于45%（g/ml）。

二、除另有规定外，一般将药物用新煮沸过的水溶解，加入单糖浆；如直接加入蔗糖配制，则需煮沸，必要时滤过，并自滤器上添加适量新煮沸过的水至处方规定量。

三、根据需要可加入附加剂。如需加入防腐剂，山梨酸和苯甲酸的用量不得超过0.3%（其钾盐、钠盐的用量分别按酸计），羟苯甲酸酯类的用量不得超过0.05%；如需加入其他附加剂，其品种与用量应符合国家标准的有关规定，不影响产品的稳定性，并应避免对检验产生干扰。必要时可加入适量的乙醇、甘油或其他多元醇。

四、除另有规定外，糖浆剂应澄清。在贮存期间不得有发霉、酸败、产生气体或其他变质现象。

五、糖浆剂应密封，在不超过30℃处贮存。

【装量】　照"最低装量检查法"（附录ⅩF）检查，应符合规定。

【微生物限度】　照"微生物限度检查法"（附录ⅫJ）检查，应符合规定。

附录IL　气雾剂　粉雾剂　喷雾剂

气雾剂、粉雾剂和喷雾剂系指药物以特殊装置给药，经呼吸道深部、腔道、黏膜或皮肤等体表发挥全身或局部作用的一类制剂。该类制剂的用药途径分为吸入、非吸入和外用。吸入气雾剂、吸入粉雾剂和吸入喷雾剂可以单剂量或多剂量给药。该类制剂应对皮肤、呼吸道与腔道黏膜和纤毛无刺激性、无毒性。

气雾剂

气雾剂系指含药溶液、乳液或混悬液与适宜的抛射剂共同装封于具有特制阀门系统的耐压容器中，使用时借助抛射剂的压力将内容物呈雾状物喷出，用于肺部吸入或直接喷至腔道黏膜、皮肤及空间消毒的制剂。按用药途径可分为吸入气雾剂、非吸入气雾剂及外用气雾剂。按处方组成可分为二相气雾剂（气相与液相）和三相气雾剂（气相、液相、固相或液相）。按给药定量与否，气雾剂还可分为定量气雾剂和非定量气雾剂。

气雾剂在生产与贮藏期间应符合下列有关规定。

一、根据需要可加入溶剂、助溶剂、抗氧剂、防腐剂、表面活性剂等附加剂。吸入气雾剂中所有附加剂均应对呼吸道黏膜和纤毛无刺激性、无毒性。非吸入气雾剂及外用气雾剂中所有附加剂均应对皮肤或黏膜无刺激性。

二、二相气雾剂应按处方制得澄清的溶液后，按规定量分装。三相气雾剂应将微粉化（或乳化）药物和附加剂充分混合制得稳定的混悬液或乳液，并抽样检查，符合要求后分装。在制备过程中还应严格控制原料药、抛射剂、容器、用具的含水量，防止水分混入；易吸湿的药物应快速调配、分装。吸入气雾剂的雾滴（粒）大小应控制在 $10\mu m$ 以下，其中大多数应为 $5\mu m$ 以下。

三、气雾剂常用的抛射剂为适宜的低沸点液体。根据气雾剂所需压力，可将两种或几种抛射剂以适宜比例混合使用。

四、气雾剂的容器，应能耐受气雾剂所需的压力，各组成部件均不得与药物或附加剂发生理化作用，其尺寸精度与溶胀性必须符合要求，每揿压一次，必须喷出均匀的细雾状雾滴（粒）。定量气雾剂应释出准确的主药含量。

五、制成的气雾剂应进行泄漏和爆破检查，确保安全使用。

六、气雾剂应置凉暗处贮存，并避免曝晒、受热、敲打、撞击。

七、定量气雾剂应标明：（1）每瓶的装量；（2）主药含量；（3）总揿次；（4）每揿主药含量。

【泄漏率】　气雾剂照下述方法检查，年泄漏率应符合规定。

检查法　取供试品12瓶，用乙醇将表面清洗干净，室温垂直放置24小时，分别精密称重（w1），再在室温放置72小时（精确至30分钟），分别精密称重（w2），置4～20℃冷却后，迅速在铝盖上钻一小孔，放置至室温，待抛射剂完全气化挥尽后，将瓶与阀分离，用乙醇洗净，干燥，分别精密称重（w3），按下式计算每瓶年泄漏率。平均年泄漏率应小于3.5%，并不得有1瓶大于5%。

$$年泄漏率 = 365 \times 2472 \times （w1 - w2）/w1 - w3 \times 100\%$$

【每瓶总揿次】　定量气雾剂照下述方法检查，每瓶总揿次应符合规定。

检查法　取供试品4瓶，分别除去帽盖，精密称重（w1），充分振摇，在通风橱内，向已加入适量吸收液的容器内喷射最初10喷，用溶剂洗净套口，充分干燥后，精密称重（w2）；振摇后向上述容器内连续喷射10次，用溶剂洗净套口，充分干燥后，精密称重（w3）；在铝盖上钻一小孔，待抛射剂完全气化挥尽后，弃去药液，用溶剂洗净供试品容器，充分干燥后，精密称重（w4），按下式计算每瓶总揿次，均应不少于每瓶标示总揿次。

$$总揿次 = 10 \times （w1 - w4）/（w2 - w3）$$

【每揿主药含量】　定量气雾剂照下述方法检查，每揿主药含量应符合规定。

检查法　取供试品1瓶，充分振摇，除去帽盖，试喷5次，用溶剂洗净套口，充分干燥后，倒置于已加入一定量吸收液的适宜烧杯中，将套口浸入吸收液面下（至少25mm），喷射10次或20次（注意每次喷射间隔5秒并缓缓振摇），取出供试品，用吸收液洗净套口内外，合并吸收液，转移至适宜量瓶中并稀释至刻度后，按各品种含量测定项下的方法测定，所得结果除以10或20，即为平均每揿主药含量。每揿主药含量应为每揿主药含量标示量的80%~120%。

【雾滴（粒）分布】　除另有规定外，吸入气雾剂应检查雾滴（粒）大小分布。照"吸入气雾剂雾滴（粒）分布测定法"（附录ⅩH）检查，雾滴（粒）药物量应不少于每揿主药含量标示量的15%。

【喷射速率】　非定量气雾剂照下述方法检查，喷射速率应符合规定。

检查法　取供试品4瓶，除去帽盖，分别喷射数秒后，擦净，精密称定，将其浸入恒温水浴（25℃±1℃）中半小时，取出，擦干，除另有规定外，连续喷射5秒钟，擦净，分别精密称重，然后放入恒温水浴（25℃±1℃）中，按上法重复操作3次，计算每瓶的平均喷射速率（g/s），均应符合各品种项下的规定。

【喷出总量】　非定量气雾剂照下述方法检查，喷出总量应符合规定。

检查法　取供试品4瓶，除去帽盖，精密称定，在通风橱内，分别连续喷射于1000ml或2000ml锥形瓶中，直至喷尽为止，擦净，分别精密称定，每瓶喷出量均不得少于标示装量的85%。

【无菌】　用于烧伤、严重损伤或溃疡的气雾剂照"无菌检查法"（附录ⅫH）检查，应符合规定。

【微生物限度】　除另有规定外，照"微生物限度检查法"（附录ⅫJ）检查，应符合规定。

粉雾剂

粉雾剂按用途可分为吸入粉雾剂、非吸入粉雾剂和外用粉雾剂。吸入粉雾剂系指微粉化药物或与载体以胶囊、泡囊或多剂量贮库形式，采用特制的干粉吸入装置，由患者主动吸入雾化药物至肺部的制剂。非吸入粉雾剂系指药物或与载体以胶囊或泡囊形式，采用特制的干粉给药装置，将雾化药物喷至腔道黏膜的制剂。外用粉雾剂系指药物或与适宜的附加剂罐装于特制的干粉给药器具中，使用时借助外力将药物喷至皮肤或黏膜的制剂。

粉雾剂在生产与贮藏期间应符合下列有关规定。

一、配制粉雾剂时，为改善粉末的流动性，可加入适宜的载体和润滑剂。吸入粉雾剂中所有附加剂均应为生理可接受物质，且对呼吸道黏膜和纤毛无刺激性、无毒性。非吸入粉雾剂及外用粉雾剂中所有附加剂均应对皮肤或黏膜无刺激性。

二、粉雾剂给药装置使用的各组成部件均应采用无毒、无刺激性、性质稳定、与药物不起作用的材料制备。

三、吸入粉雾剂中药物粒度大小应控制在 $10\mu m$ 以下，其中大多数应在 $5\mu m$ 以下。

四、除另有规定外，外用粉雾剂应符合散剂项下有关的各项规定。

五、粉雾剂应置凉暗处贮存，防止吸潮。

六、胶囊型、泡囊型粉雾剂应标明：（1）每粒胶囊或泡囊中药物含量；（2）胶囊应置于吸入装置中吸入，而非吞服；（3）有效期；（4）贮藏条件。

多剂量贮库型吸入粉雾剂应标明：（1）每瓶的装量；（2）主药含量；（3）总吸次；（4）每吸主药含量。

【含量均匀度】　除另有规定外，胶囊型或泡囊型粉雾剂，照"含量均匀度检查法"（附录 X E）检查，应符合规定。

【装量差异】　除另有规定外，胶囊型及泡囊型粉雾剂装量差异，应符合规定。

平均装量	装量差异限度
0.30g 以下	±10%
0.30g 至 0.30g 以上	±7.5%

检查法　除另有规定外，取供试品 20 粒，分别精密称定重量后，倾出内容物（不得损失囊壳），用小刷或其他适宜用具拭净残留内容物，分别精密称定囊壳重量，求出每粒内容物的装量与平均装量。每粒的装量与平均装量相比较，超出装量差异限度的不得多于 2 粒，并不得有 1 粒超出限度 1 倍。

凡规定检查含量均匀度的粉雾剂，可不进行装量差异的检查。

【排空率】　胶囊型及泡囊型粉雾剂照下述方法检查，排空率应符合规定。

检查法　除另有规定外，取本品 10 粒，分别精密称定，逐粒置于吸入装置内，用每分钟 60L±5L 的气流抽吸 4 次，每次 1.5 秒，称定重量，用小刷或适宜用具拭净残留内容物，再分别称定囊壳重量，求出每粒的排空率，排空率应不低于 90%。

【每瓶总吸次】　多剂量贮库型吸入粉雾剂照下述方法检查，每瓶总吸次应符合规定。

检查法　除另有规定外，取供试品 1 瓶，旋转装置底部，释出一个剂量药物，以每分钟 60L±5L 的气流速度抽吸，重复上述操作，测定标示吸次最后 1 吸的药物含量，检查 4 瓶的最后一吸的药物量，每瓶总吸次均不得低于标示总吸次。

【每吸主药含量】　多剂量贮库型吸入粉雾剂照下述方法检查，每吸主药含量应符合规定。

检查法　除另有规定外，取供试品 6 瓶，分别除去帽盖，弃去最初 5 吸，采用吸入粉雾剂释药均匀度测定装置（见图），装置内置 20ml 适宜的接受液。吸入器采用合适的橡胶接口与装置相接，以保证连接处的密封。吸入器每旋转一次（相当于 1 吸），用每分钟 60L±5L 的抽气速度抽吸 5 秒，重复操作 10 次或 20 次，用空白接受液将整个装置内壁的药物洗脱下来，合并，定量至一定体积后，测定，所得结果除以 10 或 20，即为每吸主药含量。每吸主药含量应为每吸主药含量标示量的 65%～135%，即符合规定。如有 1 瓶或 2 瓶超出此范围，但不超出标示量的 50%～150%，可复试，另取 12 瓶测定，若 18 瓶中超出 65%～135% 但不超出 50%～150% 的，不超过 2 瓶，也符合规定。

【雾滴（粒）分布】　除另有规定外，吸入粉雾剂应检查雾滴（粒）大小分布。照"吸入粉雾剂雾滴（粒）分布测定法"（附录 X H）检查，雾滴（粒）药物量应不少于每揿主药含量标示量的 10%。

【微生物限度】　照"微生物限度检查法"（附录 XII J）检查，应符合规定。

喷雾剂

喷雾剂系指含药溶液、乳液或混悬液填充于特制的装置中，使用时借助手动泵的压力、高压气体、超声振动或其他方法将内容物呈雾状物释出，用于肺部吸入或直接喷至腔道黏膜、皮肤及空间消毒的制剂。按用药途径可分为吸入喷雾剂、非吸入喷雾剂及外用喷雾剂。按给药定量与否，喷雾剂还可分为定量喷雾剂和非定量喷雾剂。

喷雾剂在生产和贮藏期间应符合下列有关规定。

一、根据需要可加入溶剂、助溶剂、抗氧剂、防腐剂、表面活性剂等附加剂。吸入喷雾剂中所有附加剂均应为生理可接受物质，且对呼吸道黏膜和纤毛无刺激性、无毒性。非吸入喷雾剂及外用喷雾剂中所有附加剂均应对皮肤或黏膜无刺激性。

二、喷雾剂装置中各组成部件均应采用无毒、无刺激性、性质稳定、与药物不起作用的材料制备。

三、溶液型喷雾剂药液应澄清；乳液型喷雾剂液滴在液体介质中应分散均匀；混悬型喷雾剂应将药物细粉和附加剂充分混匀，制成稳定的混悬剂。吸入喷雾剂的雾滴（粒）大小应控制在 $10\mu m$ 以下，其中大多数应为 $5\mu m$ 以下。

四、喷雾剂应置凉暗处贮存，防止吸潮。

五、单剂量吸入喷雾剂应标明：（1）每剂药物含量；（2）液体使用前置于吸入装置中吸入，而非口服；（3）有效期；（4）贮藏条件。

多剂量喷雾剂应标明：（1）每瓶的装量；（2）主药含量；（3）总喷次；（4）每喷主药含量；（5）贮藏条件。

【每瓶总喷次】 多剂量喷雾剂照下述方法检查，每瓶总喷次应符合规定。

检查法 取供试品4瓶，分别除去帽盖，精密称重（w_1），充分振摇，在通风橱内，照使用说明书操作，向已加入适量吸收液的容器内喷射最初10喷，用溶剂洗净套口，充分干燥后，精密称重（w_2）；振摇后向上述容器内连续喷射10次，用溶剂洗净套口，充分干燥后，精密称重（w_3）；打开储液灌，弃去药液，用溶剂洗净供试品容器，干燥后，精密称重（w_4），按下式计算每瓶总揿次，均应不少于每瓶标示总揿次。

$$总揿次 = 10 \times (w_1 - w_4) / (w_2 - w_3)$$

【每喷喷量】 除另有规定外，定量喷雾剂照下述方法检查，每喷喷量应符合规定。

检查法取供试品4瓶，照使用说明书操作，分别试喷数次后，擦净，精密称定，再连续喷射3次，每次喷射后均擦净，精密称定，计算每次喷量，连续喷射10次，擦净，精密称定，再按上述方法测定3次喷量，继续连续喷射10次后，按上述方法再测定4次喷量，计算每瓶10次喷量的平均值。除另有规定外，均应为标示喷量的80%～120%。

凡规定测定每喷主药含量的喷雾剂，不再进行每喷喷量的测定。

【每喷主药含量】 除另有规定外，定量喷雾剂照下述方法检查，每喷主药含量应符合规定。

检查法 取供试品1瓶，照使用说明书操作，试喷5次，用溶剂洗净喷口，充分干燥后，喷射10次或20次（注意喷射每次间隔5秒并缓缓振摇），收集于一定量的吸收溶剂中（防止损失），转移至适宜量瓶中并稀释至刻度，摇匀，测定。所得结果除以10或20，即为平均每喷主药含量。每喷主药含量应为标示含量的80%～120%。

【雾滴（粒）分布】 除另有规定外，吸入喷雾剂应检查雾滴（粒）大小分布。照"吸入喷雾剂雾滴（粒）分布测定法"（附录Ⅹ H）检查，雾滴（粒）药物量应不少于每揿主药含量标示量的15%。

【装量差异】 除另有规定外，单剂量喷雾剂装量差异，应符合规定。

平均装量	装量差异限度
0.30g 以下	±10%
0.30g 至 0.30g 以上	±7.5%

检查法 除另有规定外，取供试品20个，照各品种项下规定的方法，求出每个内容物的装量与平均装量。每个的装量与平均装量相比较，超出装量差异限度的不得多于2个，并不得有1个超出限度1倍。

凡规定检查含量均匀度的单剂量喷雾剂，不进行装量差异的检查。

【装量】 多剂量喷雾剂照"最低装量检查法"（附录Ⅹ F）检查，应符合规定。

【无菌】 用于烧伤、严重损伤或溃疡的喷雾剂照"无菌检查法"（附录 XII H）检查，应符合规定。

【微生物限度】 除另有规定外，照"微生物限度检查法"（附录 XII J）检查，应符合规定。

附录ⅠM　膜剂

膜剂系指药物与适宜的成膜材料经加工制成的膜状制剂。供口服或黏膜外用。

膜剂在生产与贮藏期间应符合下列有关规定。

一、成膜材料及其辅料应无毒、无刺激性、性质稳定、与药物不起作用。常用的成膜材料有聚乙烯醇、丙烯酸树脂类、纤维素类及其他天然高分子材料。

二、药物如为水溶性，应与成膜材料制成具有一定黏度的溶液；如为不溶性药物，应粉碎成极细粉，并与成膜材料等混合均匀。

三、膜剂外观应完整光洁，厚度一致，色泽均匀，无明显气泡。多剂量的膜剂，分格压痕应均匀清晰，并能按压痕撕开。

四、膜剂所用的包装材料应无毒性、易于防止污染、方便使用，并不能与药物或成膜材料发生理化作用。

五、除另有规定外，膜剂应密封贮存，防止受潮、发霉、变质。

【重量差异】　膜剂的重量差异限度，应符合下列规定。

平均重量	重量差异限度
0.02g 以下至 0.02g	±15%
0.02g 以上至 0.20g	±10%
0.20g 以上	±7.5%

检查法　除另有规定外，取膜片 20 片，精密称定总重量，求得平均重量，再分别精密称定各片的重量。每片重量与平均重量相比较，超出重量差异限度的膜片不得多于 2 片，并不得有 1 片超出限度的 1 倍。

凡进行含量均匀度检查的膜剂，不再进行重量差异检查。

【无菌】　用于损伤成溃疡的膜剂照"无菌检查法"（附录 XII H）检查，应符合规定。

【微生物限度】　除另有规定外，照"微生物限度检查法"（附录 XII J）检查，应符合规定。

附录 I N 颗粒剂

颗粒剂系指药物与适宜的辅料制成具有一定粒度的干燥颗粒状制剂。颗粒剂可分为可溶颗粒（通称为颗粒）、混悬颗粒、泡腾颗粒、肠溶颗粒、缓释颗粒和控释颗粒等。供口服用。

混悬颗粒　系指难溶性固体药物与适宜辅料制成一定粒度的干燥颗粒剂。临用前加水或其他适宜的液体振摇即可分散成混悬液供口服。

除另有规定外，混悬颗粒应进行溶出度检查。

泡腾颗粒　系指含有碳酸氢钠和有机酸，遇水可放出大量气体而呈泡腾状的颗粒剂。

泡腾颗粒中的药物应是易溶性的，加水产生气泡后应能溶解。有机酸一般用枸橼酸、酒石酸等。

泡腾颗粒应溶解或分散于水中后服用。

肠溶颗粒　系指采用肠溶材料包裹颗粒或其他适宜方法制成的颗粒剂。

肠溶颗粒耐胃酸而在肠液中释放活性成分，可防止药物在胃内分解失效，避免对胃的刺激或控制药物在肠道内定位释放。

肠溶颗粒应进行释放度检查。

缓释颗粒　系指在水或规定的释放介质中缓慢地非恒速释放药物的颗粒剂。

缓释颗粒应符合缓释制剂的有关要求并应进行释放度检查。

控释颗粒　系指在水或规定的释放介质中缓慢地恒速或接近于恒速释放药物的颗粒剂。

控释颗粒应符合控释制剂的有关要求并应进行释放度检查。

颗粒剂在生产与贮藏期间应符合下列有关规定。

一、药物与辅料应均匀混合；凡属挥发性药物或遇热不稳定的药物在制备过程应注意控制适宜的温度条件，凡遇光不稳定的药物应遮光操作。

二、颗粒剂应干燥，粒径大小均匀，色泽一致，无吸潮、结块、潮解等现象。

三、根据需要可加入适宜的矫味剂、芳香剂、着色剂、分散剂和防腐剂等添加剂。

四、颗粒剂的含量均匀度、微生物限度等应符合要求。必要时，包衣颗粒剂应检查残留溶剂。

五、除另有规定外，颗粒剂应密封，置干燥处贮存，防止受潮。

六、包装的颗粒剂在标签上要标明每个袋（瓶）中活性成分的名称及含量。多剂量包装的颗粒剂除应有确切的分剂量方法外，在标签上要标明颗粒中活性成分的名称和重量。

【粒度】　除另有规定外，照"粒度测定法"［附录 IX E 第二法（2）］检查，不能通过一号筛（2000μm）与能通过五号筛（180μm）的总和不得超过供试量的 15%。

【干燥失重】　除另有规定外，照"干燥失重测定法"（附录 VII L）测定，于 105℃干燥至恒重，含糖颗粒应在 80℃减压干燥，减失重量不得过 2.0%。

【溶化性】　除另有规定外，可溶颗粒和泡腾颗粒照下述方法检查，溶化性应符合规定。

可溶颗粒检查法　取供试品 10g，加热水 200ml，搅拌 5 分钟，可溶颗粒应全部溶化或轻微浑浊，但不得有异物。

泡腾颗粒检查法　取单剂量包装的泡腾颗粒 6 袋，分别置盛有 200ml 水的烧杯中，水温为 15 ~ 25℃，应迅速产生气体而成泡腾状，5 分钟内 6 袋颗粒均应完全分散或溶解在水中。

混悬颗粒或已规定检查溶出度或释放度的颗粒剂，可不进行溶化性检查。

【装量差异】　单剂量包装的颗粒剂装量差异限度，应符合下列有关规定。

平均装量或标示装量	装量差异限度
1.0g 以下至 1.0g	±10%
1.0g 以上至 1.5g	±8%
1.5g 以上至 6.0g	±7%
6.0g 以上	±5%

检查法　取供试品 10 袋（瓶），除去包装，分别精密称定每袋（瓶）内容物的重量，求出每袋（瓶）内容物的装量与平均装量。每袋（瓶）装量应与平均装量相比较〔凡无含量测定的颗粒剂，每袋（瓶）装量应与标示装量比较〕，超出装量差异限度的颗粒剂不得多于 2 袋（瓶），并不得有 1 袋（瓶）超出装量差异限度 1 倍。

凡规定检查含量均匀度的颗粒剂，可不进行装量差异的检查。

【装量】　多剂量包装的颗粒剂，照"最低装量检查法"（附录 X F）检查，应符合规定。

附录ⅠO 口服溶液剂 口服混悬剂 口服乳剂

口服溶液剂 系指药物溶解于适宜溶剂中制成供口服的澄清液体制剂。

口服混悬剂 系指难溶性固体药物，分散在液体介质中，制成供口服的混悬液体制剂。也包括干混悬剂或浓混悬液。

口服乳剂 系指两种互不相溶的液体，制成供口服稳定的水包油型乳液制剂。

用滴管以小体积计量或以滴计量的口服溶液剂、口服混悬剂、口服乳剂也称为滴剂。

口服溶液剂、口服混悬剂、口服乳剂在生产与贮藏期间均应符合下列有关规定。

一、口服溶液剂的溶剂、口服混悬剂的分散介质常用纯化水。

二、根据需要可加入适宜的附加剂，如防腐剂、分散剂、助悬剂、增稠剂、助溶剂、润湿剂、缓冲剂、乳化剂、稳定剂、矫味剂以及色素等，其品种与用量应符合国家标准的有关规定，不影响产品的稳定性，并避免对检验产生干扰。

四、不得有发霉、酸败、变色、异物、产生气体或其他变质现象。

五、口服乳剂应呈均匀的乳白色，以半径为 10cm 的离心机每分钟 4000 转的转速（约 $1800 \times g$）离心 15 分钟，不应有分层现象。

六、口服混悬剂的混悬物应分散均匀，如有沉降物经振摇应易再分散。

七、口服滴剂包装内一般应附有滴管和吸球或其他量具。

八、口服溶液剂、口服混悬剂、口服乳剂的含量均匀度等应符合规定。

九、除另有规定外，应密封，置阴凉处遮光贮存。

十、口服混悬剂在标签上应注明"用前摇匀"；以滴计量的滴剂在标签上要标明每毫升或每克液体制剂相当的滴数。

【重量差异】 除另有规定外，单剂量的干混悬剂应检查重量差异。

检查法 取供试品 20 个（袋、，分别称量内容物，计算平均重量，超过平均重量 ±10% 者不得过 2 个，并不得有超过平均重量 ±20% 者。

凡规定检查含量均匀度者，不再进行重量差异检查。

【装量】 除另有规定外，单剂量口服溶液剂、口服混悬剂、口服乳剂装量，应符合下列规定。

取供试品 10 个（袋、支），分别将内容物倾尽，测定其装量，每个（袋、支）装量均不得少于其标示量。

多剂量口服溶液剂、口服混悬剂、口服乳剂照"最低装量检查法"（附录 X F）检查，应符合规定。

【干燥失重】 除另有规定外，干混悬剂照"干燥失重测定法"（附录 Ⅶ L）检查，减失重量不得过 2.0%。

【沉降体积比】 口服混悬剂照下述方法检查，沉降体积比应不低于 0.90。

检查法　除另有规定外，用具塞量筒量取供试品 50ml，密塞，用力振摇 1 分钟，记下混悬物的开始高度 H_0，静置 3 小时，记下混悬物的最终高度 H，按下式计算：

$$沉降体积比 = H/H_0$$

干混悬剂按各品种项下规定的比例加水振摇，应均匀分散，并照上法检查沉降体积比，应符合规定。

【微生物限度】　照"微生物限度检查法"（附录 XII J）检查，应符合规定。

附录 I P　散剂

散剂系指药物或与适宜的辅料经粉碎、均匀混合制成的干燥粉末状制剂，分为口服散剂和局部用散剂。

口服散剂一般溶于或分散于水或其他液体中服用，也可直接用水送服。

局部用散剂可供皮肤、口腔、咽喉、腔道等处应用；专供治疗、预防和润滑皮肤的散剂也可称为撒布剂或撒粉。

散剂在生产与贮藏期间应符合下列有关规定。

一、供制散剂的成分均应粉碎成细粉。除另有规定外，口服散剂应为细粉，局部用散剂应为最细粉。

二、散剂应干燥、疏松、混合均匀、色泽一致。制备含有毒性药物或药物剂量小的散剂时，应采用配研法混匀并过筛。

三、散剂中可含有或不含辅料，根据需要时可加入矫味剂、芳香剂和着色剂等。

四、散剂可单剂量包装也可多剂量包（分）装，多剂量包装者应附分剂量的用具。

五、除另有规定外，散剂应密闭贮存，含挥发性药物或易吸潮药物的散剂应密封贮存。

【粒度】　除另有规定外，局部用散剂照下述方法检查，粒度应符合规定。

检查法 取供试品 10g，精密称定，置七号筛，筛上加盖，并在筛下配有密合的接受容器。照"粒度测定法"（附录 IX E 第二法，单筛分法）检查，精密称定通过筛网的粉末重量，应不低于 95%。

【外观均匀度】　取供试品适量，置光滑纸上，平铺约 5 cm²，将其表面压平，在亮处观察，应呈现均匀的色泽，无花纹与色斑。

【干燥失重】　除另有规定外，取供试品，照"干燥失重测定法"（附录 VII L）测定，在 105℃ 干燥至恒重，减失重量不得过 2.0%。

【装量差异】　单剂量包装的散剂装量差异限度，应符合下列有关规定。

检查法 取散剂 10 包（瓶），除去包装，分别精密称定每包（瓶）内容物的重量，求出内容物的装量与平均装量。每包与平均装量（凡无含量测定的散剂，每包装量应与标示装量比较）相比应符合规定，超出装量差异限度的散剂不得多于 2 包（瓶），并不得有 1 包（瓶）超出装量差异限度 1 倍。

平均装量或标示装量	装量差异限度
0.1g 以下至 0.1g	±15%
0.1g 以上至 0.3g	±10%
0.3g 以上至 1.5g	±7.5%
1.5g 以上至 6.0g	±5%
6.0g 以上	±3%

凡规定检查含量均匀度的散剂，可不进行装量差异的检查。

【装量】　多剂量包装的散剂，照"最低装量检查法"（附录Ⅹ F）检查，应符合规定。

【无菌】　用于烧伤或严重损伤的散剂，照"无菌检查法"（附录Ⅻ H）检查，应符合规定。

【微生物限度】　除另有规定外，照"微生物限度检查法"（附录Ⅻ J）检查，应符合规定。

附录 I Q　耳用制剂

耳用制剂系指直接用于耳部发挥局部治疗作用的制剂。耳用制剂可分为耳用液体制剂（滴耳剂、洗耳剂、耳用喷雾剂）、耳用半固体制剂（耳用软膏剂、耳用乳膏剂、耳用凝胶剂、耳塞）、耳用固体制剂（耳用散剂、耳丸剂）等。也可以固态形式包装，另备溶剂，在临用前配成溶液或混悬液。

耳用制剂在生产与贮藏期间应符合下列有关规定。

一、耳用制剂通常含有调节张力或黏度、控制 pH、增加药物溶解度、提高制剂稳定性或提供足够抗菌性能的辅料，辅料应不影响制剂的药效，并应无毒性或局部刺激性。溶剂（如水、甘油、脂肪油等）不应对耳膜产生不利的压迫。除另有规定外，多剂量包装的水性耳用制剂，应含有适宜浓度的抑菌剂，如制剂本身有足够抑菌性能，可不加抑菌剂。

二、除另有规定外，耳用制剂多剂量包装容器应配有完整的滴管或适宜材料组合成套，一般应配有橡胶乳头或塑料乳头的螺旋盖滴管。容器应无毒并清洗干净，不应与药物或辅料发生理化作用，容器的瓶壁要有一定的厚度且均匀。装量应不超过 10ml 或 5g。

三、耳用溶液剂应澄清，不得有沉淀和异物；耳用混悬液放置后的沉淀物，经振摇应易分散，其最大粒子不得超过 $50\mu m$；耳用乳液如发生油与水相分离，振摇易后应易恢复成乳液。

四、除另有规定外，耳用制剂还应符合相应剂型制剂通则项下有关规定，如耳用软膏剂还应符合软膏剂的规定。

五、耳用制剂的含量均匀度等应符合规定。

六、除另有规定外，耳用制剂应密闭贮存。

七、多剂量包装的耳用制剂在启用后最多可使用 4 周。

【沉降体积比】　混悬型滴耳剂照下述方法检查，沉降体积比应不低于 0.90。

检查法　除另有规定外，用具塞量筒量取供试品 50ml，密塞，用力振摇 1 分钟，记下混悬物的开始高度 H_0，静置 3 小时，记下混悬物的最终高度 H，按下式计算：

$$沉降体积比 = H/H_0$$

【重量差异或装量差异】　除另有规定外，单剂量包装的耳用固体或半固体制剂重（装）量差异限度，应符合以下规定。

检查法　取供试品 20 个，分别称量内容物，计算平均重量，超过平均重量 ±10% 者不得过 2 个，并不得有超过平均重量 ±20% 者。

凡规定检查含量均匀度的耳用制剂，可不进行重（装）量差异的检查。

【装量】　单剂量包装的耳用液体制剂装量，应符合下列规定。

取供试品 10 个，分别将内容物倾尽，测定其装量，每个装量均不得少于其标示量。

多剂量包装的耳用制剂，照"最低装量检查法"（附录Ⅹ F）检查，应符合规定。

【无菌】　用于手术、耳部伤口或耳膜穿孔的滴耳剂与洗耳剂，照"无菌检查法"（附录ⅩⅡ H）检查，应符合规定。

【微生物限度】　除另有规定外，照"微生物限度检查法"（附录ⅩⅡ J）检查，应符合规定。

附录 I R　鼻用制剂

　　鼻用制剂系指直接用于鼻腔发挥局部或全身治疗作用的制剂。鼻用制剂可分为鼻用液体制剂（滴鼻剂、洗鼻剂、鼻用喷雾剂）、鼻用半固体制剂（鼻用软膏剂、鼻用乳膏剂、鼻用凝胶剂）、鼻用固体制剂（鼻用散剂、鼻用粉雾剂和鼻用棒剂）。也可以固态形式包装，另备溶剂，在临用前配成溶液或混悬液。

　　鼻用制剂在生产与贮藏期间应符合下列有关规定。

　　一、鼻用制剂通常含有如调节黏度、控制 pH、增加药物溶解、提高制剂稳定性或能够赋形的辅料，除另有规定外，多剂量水性介质鼻用制剂应当添加适宜浓度的抑菌剂，制剂本身如有足够的抑菌性能，可不加抑菌剂。

　　二、鼻用制剂多剂量包装容器应配有完整的滴管或适宜材料组合成套，一般应配有橡胶乳头或塑料乳头的螺旋盖滴管。容器应无毒并清洗干净，不应与药物或辅料发生理化作用，容器的瓶壁要有一定的厚度且均匀，除另有规定外，装量应不超过 10ml 或 5g。

　　三、鼻用溶液剂应澄清，不得有沉淀和异物；鼻用混悬液可能含沉淀物，但经振摇易分散；鼻用乳液有可能油与水相分离，但经振摇易恢复成乳液。

　　四、鼻用粉雾剂中药物及所用附加剂的粉末粒径大多应在 30 ~ 150μm 之间。

　　五、鼻用制剂应无刺激性，对鼻黏膜及其纤毛不应产生副作用。如为水性介质的鼻用制剂应等渗。

　　六、除另有规定外，鼻用制剂还应符合相应剂型制剂通则项下有关规定，如鼻用软膏剂还应符合软膏剂的规定。

　　七、鼻用制剂的含量均匀度等应符合规定。

　　八、除另有规定外，鼻用制剂应密闭贮存。

　　九、多剂量包装的鼻用制剂在启用后最多可使用 4 周。

　　【沉降体积比】　　混悬型滴鼻剂照下述方法检查，沉降体积比应不低于 0.90。

　　检查法　除另有规定外，用具塞量筒量取供试品 50ml，密塞，用力振摇 1 分钟，记下混悬物的开始高度 H_0，静置 3 小时，记下混悬物的最终高度 H，按下式计算：

$$沉降体积比 = H/H_0$$

　　【重量差异或装量差异】　　除另有规定外，单剂量包装的鼻用固体或半固体制剂重（装）量差异限度，应符合以下规定。

　　检查法　取供试品 20 个，分别称量内容物，计算平均重量，超过平均重量 ±10% 者不得过 2 个，并不得有超过平均重量 ±20% 者。

　　凡规定检查含量均匀度的鼻用制剂，不再进行重（装）量差异的检查。

　　【装量】　　单剂量包装的鼻用液体制剂装量，应符合下列规定。

　　取供试品 10 个，分别将内容物倾尽，测定其装量，均不得少于其标示量。

　　多剂量包装的鼻用制剂，照"最低装量检查法"（附录 X F）检查，应符合规定。

　　【无菌】　用于手术或严重损伤的鼻用制剂，照"无菌检查法"（附录 XII H）检查，应符合规定。

　　【微生物限度】　除另有规定外，照"微生物限度检查法"（附录 XII J）检查，应符合规定。

附录ⅠS 洗剂 冲洗剂 灌肠剂

洗剂 系指含药物的溶液、乳液、混悬液，供清洗或涂抹无破损皮肤用的制剂。

冲洗剂 系指用于冲洗开放性伤口或腔体的无菌溶液。

灌肠剂 系指灌注于直肠的水性、油性溶液或混悬液，以治疗、诊断或营养为目的的制剂。

洗剂、冲洗剂、灌肠剂在生产与贮藏期间均应符合下列有关规定。

一、上述制剂均应无毒、无局部刺激性，冲洗剂应无菌。

二、洗剂在贮藏时，如为乳液有可能油与水相分离，但经振摇易重新形成乳状液；如为混悬液可能含沉淀物，但经振摇易分散，并具足够稳定性，以确保给药剂量的准确。易变质的洗剂应于临用前配制。

三、冲洗剂可由药物、电解质或等渗调节剂溶解在注射用水中制成，也可以仅由注射用水组成（标签注明为供冲洗用的注射用水）。

通常冲洗剂应调节至与血液等张。冲洗剂在适宜条件下目测，应澄清。

冲洗剂容器应符合注射剂容器的规定。

四、冲洗剂不能用于注射，并注明该制剂仅能使用1次，未用完的均应弃去；大体积的灌肠剂用前应将药液热至体温。

五、除另有规定外，洗剂应密闭，冲洗剂应严封，灌肠剂应密封贮存。

六、除另有规定外，洗剂、灌肠剂在启用后最多可使用4周。

【装量】 除另有规定外，单剂量包装的洗剂、冲洗剂与灌肠剂应符合下列规定。

取供试品5个（袋、支），分别将内容物倾尽，测定其装量，每个（袋、支）装量均不得少于其标示量。

多剂量包装者，照"最低装量检查法"（附录ⅩF）检查，应符合规定。

【无菌】 冲洗剂照"无菌检查法"（附录ⅫH）检查，应符合规定。

【微生物限度】 洗剂、灌肠剂照"微生物限度检查法"（附录ⅫJ）检查，应符合规定。

【细菌内毒素】 或【热原】除另有规定外，冲洗剂照"细菌内毒素检查法"（附录ⅫE）或"热原检查法"（附录ⅫD）检查，每1ml中含细菌内毒素应小于0.5 IU内毒素。

不能进行细菌内毒素检查的冲洗剂应符合热原检查的规定。除另有规定外，剂量按家兔体重每1kg注射10ml。

附录 I T 搽剂 涂剂 涂膜剂

搽剂 系指药物用乙醇、油或适宜的溶剂制成的溶液、乳液或混悬液，供无破损皮肤揉擦用的液体制剂。

涂剂 系指含药物的水性或油性溶液、乳液、混悬液，供临用前用纱布或棉花蘸取或涂于皮肤或口腔与喉部黏膜的液体制剂。

涂膜剂 系指药物溶解于含成膜材料有机溶剂中，涂搽患处后形成薄膜的外用液体制剂。

搽剂、涂剂、涂膜剂在生产与贮藏期间均应符合下列有关规定。

一、搽剂、涂剂、涂膜剂应无毒、无局部刺激性。

二、搽剂或涂剂在贮藏时，如为乳液有可能油与水相分离，但经振摇易重新形成乳液；如为混悬液可能含沉淀物，但经振摇易分散，并具足够稳定性，以确保给药剂量的准确。易变质的搽剂或涂剂在临用前配制。

三、搽剂常用的溶剂有水、乙醇、液状石蜡、甘油或植物油等；涂剂大多为消毒或消炎药物的甘油溶液，也可用乙醇、植物油等作溶剂。

四、搽剂中含药物有些为表皮所吸收，用时须加在绒布或其他柔软物料上，轻轻涂裹患处，所用的绒布或其他柔软物料须洁净。涂膜剂用时涂布于患处，有机溶剂迅速挥发，形成薄膜保护患处，并缓慢释放药物起治疗作用。涂膜剂一般用于无渗出液的损害性皮肤病等。涂膜剂常用的成膜材料有聚乙烯醇、聚乙烯吡咯烷酮、乙基纤维素和聚乙烯醇缩甲乙醛等；增塑剂有甘油、丙二醇、邻苯二甲酸二丁酯等。溶剂为乙醇等。

五、应无酸败、变色等现象，根据需要可加入防腐剂或抗氧剂。

六、除另有规定外，应遮光，密闭贮存。

七、除另有规定外，在启用后最多可使用 4 周。

八、在标签上应注明"不可口服"。

【装量】 除另有规定外，单剂量包装的搽剂、涂剂、涂膜剂应符合下列规定。

取供试品 10 个（袋、支），分别将内容物倾尽，测定其装量，每个装量均不得少于其标示量。

多剂量包装者，照"最低装量检查法"（附录 X F）检查，应符合规定。

【微生物限度】 照"微生物限度检查法"（附录 XII J）检查，应符合规定。

附录 ⅠU　凝胶剂

凝胶剂系指药物与能形成凝胶的辅料制成均一、混悬或乳液型的稠厚液体或半固体制剂。除另有规定外，凝胶剂限局部用于皮肤及体腔如鼻腔、阴道和直肠。乳液型凝胶剂又称为乳胶剂。由天然高分子基质如西黄蓍胶制成的凝胶剂也可称为胶浆剂。小分子无机药物（如氢氧化铝）凝胶剂是由分散的药物胶体小粒子以网状结构存在于液体中，属两相分散系统，也称混悬型凝胶剂。混悬型凝胶剂可有触变性，静止时形成半固体而搅拌或振摇时成为液体。

凝胶剂基质属单相分散系统，有水性与油性之分。水性凝胶基质一般由水、甘油或丙二醇与纤维素衍生物、卡波姆和海藻酸盐、西黄蓍胶、明胶、淀粉等构成；油性凝胶基质由液状石蜡与聚乙烯或脂肪油与胶体硅或铝皂、锌皂构成。

凝胶剂在生产与贮藏期间应符合下列有关规定。

一、混悬型凝胶剂中胶粒应分散均匀，不应下沉结块。

二、凝胶剂应均匀、细腻，在常温时保持胶状，不干涸或液化。

三、凝胶剂根据需要可加入保湿剂、防腐剂、抗氧剂、乳化剂、增稠剂和透皮促进剂等。

四、凝胶剂基质不应与药物发生理化作用。

五、除另有规定外，凝胶剂应遮光密闭，置阴凉处贮存，并应防冻。

六、混悬型凝胶剂在标签上应注明"用前摇匀"。

【粒度】　除另有规定外，混悬型凝胶剂取适量的供试品，涂成薄层，薄层面积相当于盖玻片面积，共涂三片，照"粒度测定法"（附录 Ⅸ E 第一法）检查，均不得检出大于 $180\mu m$ 的粒子。

【装量】　照"最低装量检查法"（附录 Ⅹ F）检查，应符合规定。

【无菌】　用于严重损伤的凝胶剂，照"无菌检查法"（附录 Ⅻ H）检查，应符合规定。

【微生物限度】　除另有规定外，照"微生物限度检查法"（附录 ⅫJ）检查，应符合规定。

附录ⅠⅤ 贴剂

贴剂系指可粘贴在皮肤上，药物可产生全身性或局部作用的一种薄片状制剂。该制剂有背衬层、有（或无）控释膜的药物贮库、黏合剂层及临用前需除去的保护层。贴剂可用于完整皮肤表面，也可用于有疾患或不完整的皮肤表面。其中用于完整皮肤表面，能将药物输送穿过皮肤进入血液循环系统的贴剂称为透皮贴剂。

透皮贴剂通过扩散而起作用：药物从贮库中扩散出，直接进入皮肤和大循环，若有缓控释膜层和黏合剂层则通过上述两层进入皮肤和大循环。透皮贴剂的作用时间由其药物含量及释药速率所定。

透皮贴剂通常含有外侧的覆盖层，该层支撑含有活性成分的制剂，在制剂的药物释放面覆盖保护性的防粘层，该层在使用前除去。外侧的覆盖层为背衬层，活性成分不能透过，通常水也透不过，作用为支撑和保护制剂。其面积可以和制剂本身一样大或更大，若比制剂大，则超过制剂的部分涂有压敏胶，以保证贴剂和皮肤的紧密贴附。

透皮贴剂可以为单层或多层的固体或半固体骨架，骨架的组成或结构决定活性成分向皮肤的扩散模式。骨架也可以含有压敏胶以确保制剂与皮肤的紧密接触。透皮贴剂可以为半固体的贮库，在贮库一侧有控制药物从制剂中释放和扩散的控释膜，压敏胶可以涂于膜的部分或全部表面，或涂于背衬膜的外周。

当用于干燥、洁净、完整的皮肤表面，用手或手指轻压，贴剂能牢牢地贴于皮肤表面，从皮肤表面除去时应不对皮肤造成损伤，或引起制剂从背衬层剥离。贴剂在重复使用后对皮肤也无刺激或过敏。

防粘层通常为纸、塑料或金属材料，当除去时，应不会引起制剂（骨架或贮库）及黏附层的剥离。

贴剂在生产与贮藏期间应符合下列有关规定。

一、贴剂所用的材料及辅料应符合国家标准有关规定，无毒、无刺激性、性质稳定，与药物不起作用。常用的材料为铝箔-聚乙烯复合膜、防粘纸、乙烯-醋酸乙烯共聚物、丙烯酸或聚异丁烯压敏胶、硅橡胶和聚乙二醇等。

二、贴剂根据需要可加入表面活性剂、乳化剂、保湿剂、防腐剂或抗氧剂等。透皮贴剂还可加入透皮促进剂。

三、贴剂外观应完整光洁，有均一的应用面积，冲切口应光滑，无锋利的边缘。

四、药物可以溶解在溶剂中，填充入贮库，药物贮库中不应有气泡，无泄漏。药物混悬在制剂中必须保证混悬、涂布均匀。

五、压敏胶涂布应均匀，用有害溶剂涂布应检查残留溶剂。

六、采用乙醇等溶剂应在包装中注明，宜过敏者慎用。

七、贴剂的含量均匀度、释放度、黏附力等应符合要求。

除另有规定外，贴剂应密封贮存。

八、贴剂应在标签中注明每贴所含药物剂量、总的作用时间及药物释放的有效面积。透皮贴剂还应标明单位时间的药物释放量。

【含量均匀度】　照"含量均匀度检查法"（附录 X E）测定，应符合规定。

【释放度】　照"释放度测定法"（附录 X D 第三法）测定，应符合规定。

【微生物限度】　除另有规定外，照"微生物限度检查法"（附录 XII J）检查，应符合规定。

（杨宗发、周秀英）

附录 二　药物制剂制备工艺与操作实训技能培训大纲

课程名称：药物制剂制备工艺与操作实训技能
适用专业：药学、生物制药技术、药物制剂技术、中药制药技术

一、前言

（一）课程性质

本实训课程为药物制剂技术专业的专业核心实训课程，实践性强，同药品实际生产紧密相连，是培养药物制剂技术专业中从事制药企业药物制剂生产专门人才的一个必备环节，也是中、高级药学类人才的重要理论基础。对学生药物制剂职业能力培养和职业素养养成起主要支撑作用。其功能在于系统化培养学生熟练完成药物制剂制备工艺中制剂处方筛选、制剂生产前准备、中间体制备、制剂成型生产、成品质量评价和包装等技术岗位的工作任务，熟练掌握其相应的操作技能、生产工艺技术及必备知识。

（二）设计思路

本课程是依照药物制剂技术专业工作任务与职业能力分析中完成药物制剂生产工作项目中的原辅料的称量操作，制药设备操作，粉碎、混合等基本单元操作，各类药物制剂成型技术与质量控制等具体工作任务所需的知识、能力及素质要求，组织校内专业教师、校外工程技术人员和教育专家共同开发设计的。

根据本课程的主要目标，深入分析了药物制剂技术专业面向的职业岗位群的知识、能力、素质要求和国家职业技能的考核标准，按照药物制剂制备技术岗位的工作过程，确定技术岗位具体工作过程及岗位工作任务为接受生产指令、原辅料包材准备、药物制剂制备前准备、药物制剂制备、成品质量评价和包装等，并以典型产品、典型设备为载体传授教学内容，遵循职业技能由简单到复杂、由单一到综合的形成规律，对完成药物制剂制备技术岗位工作任务所需要的知识内容进行了整合、序化，设计了单元实训、制剂实训、综合实训共 30 个项学习性的工作任务，总学时数 128 学时，不同专业、层次学生课根据情况选择实训内容。其目的在于强化学生实践动手能力，实现教学活动、教学内容与职业要求相一致，使学生具有胜任药物制剂生产岗位的操作技能与必备知识，达到药物制剂高级工的要求。

实训过程中同时培养学生实事求是的工作态度、严谨细致的工作作风和认真负责、一丝不苟的职业习惯，以及热爱科学、开拓创新的精神。把职业道德和法律法规意识贯穿于实训过程，使素质教育、职业道德教育与专业技能教育融为一体。

二、课程目标

通过学习本门课程，使学生能够熟练完成药物制剂生产工作项目中的原辅料的称量操作，制药设备操作，粉碎、混合、制粒、制水等基本单元操作，各类药物制剂成型技术与质量控制，以及制剂成品包装技术等具体工作任务，掌握药物制剂的操作技能、生产工艺技术及相关理论知识，同时培养学生"质量第一、依法生产、实事求是、科学严谨"的职业道德和工作作风。技术与理论水平达到高级工技术标准，并获取药物制剂（高级工）资格证书。

学生应达到以下的职业能力目标：

1. 知识目标

（1）掌握常用剂型的概念、特点、质量要求及应用。

（2）掌握药物制剂的基本理论、基本方法及相关的工艺计算。

（3）熟悉药物制剂常用的辅料及其性能。

（4）熟悉药物制剂生产管理的基本要求。

（5）了解药剂的稳定性、有效性与安全性等基本知识。

2. 能力目标

（1）具有正确阅读、理解和执行药品制备工艺规程的能力，规范熟练地应用岗位操作法、标准操作规程（SOP）规定的方法和技能，对各类不同剂型的药物制剂进行制备，合理控制制备工艺，并对成品进行质量评价。

（2）能熟练进行药物制剂制备工艺各工序的操作，具备具体分析、解决技术难点的能力。

（3）具有正确使用、操作、清洁设备、器具并进行维护保养和排除故障的能力。

（4）具有对原料、辅料、工艺用水以及药物制剂成品、半成品进行质量控制的能力。

（5）具备专业计算能力和书写批生产记录和各类报告的能力。

（6）生产结束后，能按照 GMP 要求清场，对成品、中间品及其他物料进行妥善交接与处理。

2. 素质目标

（1）树立"质量第一、依法生产"的观念，培养严谨细致、认真负责的工作态度。

（2）严格执行 GMP 管理，养成实事求是、一丝不苟的职业习惯。

（3）培养自主学习、团结协作、开拓创新的工作精神。

三、课程内容和要求

学时数：　　　学时

	教学内容及目标	学时	教学方法	教学地点	教师
单元实训	实训一：查阅药典	2	任务驱动	实训室	专职兼职
	实训二：称量与滤过操作	2			
	实训三：粉碎操作	2			
	实训四：筛分操作	2			
	实训五：混合操作	2			
制剂实训	实训六：真溶液制剂制备	4	任务驱动	实训室	专职兼职
	实训七：胶体制剂制备	2			
	实训八：混悬剂的制备	2			
	实训九：乳剂的制备	2			
	实训十：浸出制剂制备	6			
	实训十一：安瓿剂的制备	6			
	实训十二：输液剂的制备	6			
	实训十三：滴眼剂制备	2			
	实训十四：软膏剂制备	2			
	实训十五：栓剂制备	2			
	实训十六：散剂与胶囊剂的制备	4			
	实训十七：颗粒剂的制备	6			
	实训十八：片剂的制备	6			
	实训十九　滴丸剂的制备	4			
	实训二十　微型胶囊的制备	6			
综合实训	实训二十一　细菌内毒素检查	4	任务驱动	实训室	专职兼职
	实训二十二　甲硝唑片溶出度的测定	6			
	实训二十三　软膏剂的体外释药试验	6			
	实训二十四　单室模型模拟试验	6			
	实训二十五　血药浓度法测定静注给药的药动学参数	6			
	实训二十六　血药浓度法测定口服给药的药动学参数	6			
	实训二十七　维生素 C 注射液制备与质量考查	6			
	实训二十八　乙酰水杨酸肠溶片的制备与质量考查	6			
	实训二十九　盐酸雷尼替丁胶囊的制备与质量考查	6			
	实训三十　硝苯地平缓释微丸的制备与质量考查	6			
合计		128			

四、实施建议

1. 遵循教育教学普遍规律，体现高职教育特色，重视实验实训实习（实践）教学在高技能型人才培养过程中的作用，体现教学过程的职业性、实践性和开放性。

2. 教学过程中应注意因材施教，灵活运用比较恰当的教学方式方法，建立药品质量意识，校内实训室应全天候对学生开放，有效调动学生学习的兴趣和积极性，促进学生积极主动的思考与实践，有利于学生职业能力的形成。

3. 以工学结合为切入点，积极探索实施课堂与实训地点一体化（理实一体化）、教学做相结合、项目导向、任务驱动等教学方式方法，注重学生实际操作能力培养。

五、教材编写

依据课程标准，从药物制剂制备工艺的实际情况出发，编写以职业实践为主线，以能本为本位，以工作任务为驱动、以项目为导向的模块化技术教材，教材内容要紧跟时代步伐，随时更新药物制剂制备的新技术、新剂型和新设备，实现教材与岗位操作标准一体化。教学内容中的每一个工作任务均采用实际制备工艺流程顺序编排，体现了先进性、通用性、实用性和实际生产的逼真性，反映药物制剂的新技术、新工艺。编写应考虑任务驱动教学模式来组织内容，教学做融于一体，相应扩展相关知识，文字表述应通俗易懂，有利于学生自学。

六、教学评价

本课程组在人才培养质量评价方面，主要侧重考核学生专业技能的掌握和知识的灵活应用。并建立了学校－企业－社会一体化的人才质量评价体系：

1. 平时成绩：由平时作业、实训成品质量检查、实训报告组成。由各实训教师负责实施。

2. 期末考试：由基本知识和技能操作组成，采用集中笔试＋口试＋操作等方式进行，侧重知识和技能的应用。期末成绩与平时成绩按一定比例构成本课程的总成绩。

3. 职业资格认证：药物制剂岗位职业资格高级工鉴定，采用校企合作、职场考核方式进行，由学校职业技能鉴定站实施。

七、课程资源开发与利用

［1］现代药物制剂制备工艺与操作．袁其朋．北京：中国农业大学出版社，2005.

［2］现代药物制剂制备工艺与操作．邓树海．北京：化学工业出版社，2007.

［3］药物制剂制备工艺与操作．张劲．北京：化学工业出版社，2005.

［4］药物制剂实训教程．黄家利．北京：中国医药科技出版社，2006.

［5］药物制剂制备工艺与操作实训教程．张健泓．北京：化学工业出版社，2006.

［6］国家药典委员会．《中华人民共和国药典》2005年版．北京：化学工业出版社，2005.

［7］国家药用辅料标准手册．萧三贯．北京：中国医药科技出版社，2005.

［8］药品生产质量管理．梁毅．北京：中国医药科技出版社，2004.

［9］流程药剂学．龙晓英．北京：中国医药科技出版社，2003.